褐腐病

黑斑病

黑斑病

1

黑腐病

软腐病

霜霉病

2

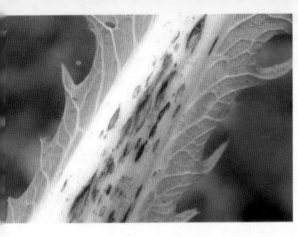

炭疽病

桃　蚜

甜菜夜蛾幼虫

3

甜菜夜蛾在大
白菜上为害状

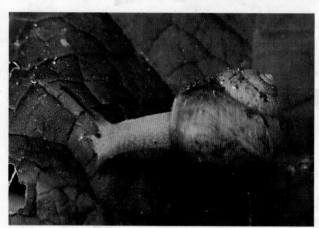

蜗 牛 (司升云提供)

小菜蛾蛹

4

小菜蛾幼虫

小猿叶虫（司升云提供）

斜纹夜蛾

5

银纹夜蛾蛹（石宝才提供）

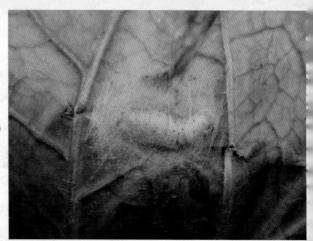

菜螟（司升云提供）

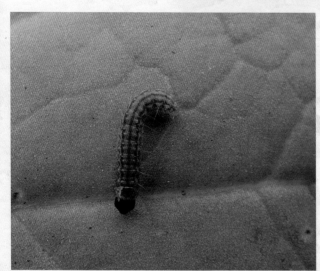

银纹夜蛾幼虫（石宝才提供）

6

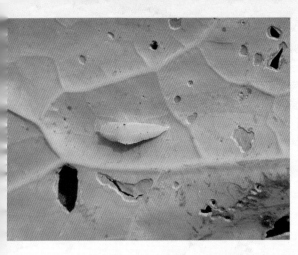

菜青虫蛹

菜青虫幼虫

甘蓝夜蛾幼虫

7

蛞 蝓（司升云提供）

黄曲条跳甲

黄翅菜叶蜂高龄幼虫

8

农作物病虫草害综合防治技术丛书

大白菜病虫草害
防治技术问答

编著者

张友军　刘　勇　王少丽
吴青君　成飞雪　朱国仁

金盾出版社

内 容 提 要

　　本书由中国农业科学院植物保护研究所的专家编著,以问答形式对大白菜生产中常见的病、虫、草害做了详细介绍。内容包括:大白菜生产及病虫害发生概况,大白菜病害及防治,大白菜虫害及防治,大白菜草害及防除,书后附有防治大白菜病害、虫害和草害常用的药剂说明,便于具体操作。本书内容实用,通俗易懂,可操作性强,适合广大大白菜种植户和基层技术人员参考使用。

图书在版编目(CIP)数据

　　大白菜病虫草害防治技术问答/张友军等编著.-- 北京:金盾出版社,2012.8(2014.1重印)
　　(农作物病虫草害综合防治技术丛书/吴孔明主编)
　　ISBN 978-7-5082-6903-0

　　Ⅰ.①大… Ⅱ.①张… Ⅲ.①大白菜—病虫害防治方法—问题解答②大白菜—除草—问题解答 Ⅳ.①S436.341-44

　　中国版本图书馆 CIP 数据核字(2011)第 044723 号

金盾出版社出版、总发行
北京太平路 5 号(地铁万寿路站往南)
邮政编码:100036 电话:68214039 83219215
传真:68276683 网址:www.jdcbs.cn
封面印刷:北京印刷一厂
彩页正文印刷:北京燕华印刷厂
装订:北京燕华印刷厂
各地新华书店经销
开本:850×1168 1/32 印张:5.25 彩页:8 字数:115 千字
2014 年 1 月第 1 版第 2 次印刷
印数:8 001～13 000 册 定价:12.00 元
(凡购买金盾出版社的图书,如有缺页、
倒页、脱页者,本社发行部负责调换)

目　录

目　录

目　录

第一章 概 述

1. 怎样评述大白菜在我国蔬菜生产中的地位?

大白菜又称结球白菜、白菜、芽白、黄芽菜,起源于中国。大白菜在我国已有六七千年的栽培历史,是一种产量高、耐贮性强、品质优良的中国特产蔬菜。近年来,大白菜播种面积和总产量分别约占我国蔬菜总播种面积和总产量的 15%和 18%,均居各种蔬菜作物之首,在秋冬春三季蔬菜供应中占主导地位。全国 32 个省(市、自治区)都有大白菜栽培,年播种面积超过 100 万亩的省(市、自治区)有 16 个,大白菜生产在蔬菜种植业中占有重要地位。

由于市场需求和不同地区间蔬菜流通网络的调节、品种改良和品种类型多样化,以及栽培技术水平不断提高,大白菜栽培季节由过去主要是秋季一季栽培,发展为春、夏、秋多季栽培,以及苗菜食用的越冬反季节栽培,基本实现了周年供应。此外,随着产业的发展,逐渐在全国形成了大白菜优势产业区,如黑龙江、吉林的加工大白菜产区,山东、河南、河北、辽宁、京津的秋大白菜产区,河北、内蒙古坝上地区、鄂西山区、秦岭山区、甘肃的春夏季大白菜产区,云南、贵州的越冬大白菜产区等,这些优势产区的形成,极大地促进了大白菜产业的发展。

大白菜产品除了供应国内市场和城乡居民消费外,还有批量出口到韩国、日本和东南亚等国外市场。

2. 大白菜病虫害的发生危害现状如何?

病虫害是大白菜生产中的主要生物灾害,直接影响大白菜的产量和品质,是其产业发展的主要限制因素。例如,20 世纪 50~

60年代在我国北方大白菜主产区,病毒病、霜霉病、软腐病三大病害流行年份,常伴随蚜虫、菜青虫大发生,可造成减产50%以上,局部地区甚至绝产绝收,严重影响秋冬季市场供应和人民生活,同时会使新的病害相继发生。

1970~1979年天津市在近10年内有6年干烧心病的发病率高达60%以上,在许多地区已发展成为与三大病害同等重要的地位。1988年大白菜黑斑病在华北、东北和西北地区突然暴发流行,北京市当年秋大白菜损失达20%以上。20世纪70年代以来,小菜蛾上升为我国十字花科蔬菜主要害虫,由于其生活习性的原因及抗药性的困扰,成为最难治理的害虫之一,严重发生时可使大白菜减产50%以上,甚至局部绝收。1986年以来甜菜夜蛾在我国发生危害的地区逐渐扩大,1997年和1999年在黄淮、江淮流域猖獗成灾,仅1999年山东省蔬菜的经济损失就超过20亿元。

随着科学技术的发展和生产条件的改善,大白菜抗病品种、栽培技术和病虫综合防治技术的普及与推广,使得病虫的发生危害程度有所减轻。但在气候异常、品种选择不当、田间管理水平低的情况下,仍可导致一些病害流行或害虫猖獗,一般造成减产10%~20%,局部地区达50%以上。目前,大白菜病虫害的发生危害有以下特点。

(1)病虫种类多 各地经常发生并造成一定危害的病害与虫害分别超过数十种,其中,本书介绍了主要病害27种,涉及重要害虫37种。

(2)病虫发生危害期长 由于大白菜实现了周年生产,使得病虫害可全年发生,但是不同地区、季节(茬口)的主要病虫种类常有差异。我国大白菜生产以露地秋播为主,生长期90天左右,从播种、出苗、莲座到包心期至收获,都有病虫害发生。此外,在大白菜收获后染病植株在贮藏和运输期间,一些真菌病害如黑斑病、炭疽病;细菌病害软腐病、黑腐病,生理病害干烧心病等,病情可进一步发展甚至引起植株腐烂,造成更大损失。

(3)抗药性 新的重要病害不断出现及害虫抗药性增强,使得防治难度较大。细菌性病害中除了大白菜软腐病、黑腐病和角斑病发生历史较长外,新增的细菌性褐斑病、叶斑病,真菌病害如大白菜根肿病、萎蔫病、假黑斑病、黄叶病、萎蔫病等,已发展成为许多地区的主要病害。小菜蛾、甜菜夜蛾、斜纹夜蛾、黄条跳甲等对多种杀虫剂产生抗药性,是大白菜生产中的突出问题。

(4)栽培管理 病虫发生危害程度与生产者的管理水平有密切关系。在同一地区、相同茬口甚至相邻地块之间,由于生产者的科学种田水平不同,常可见到大白菜病虫发生危害轻重有明显差异。凡是品种选择不当、管理粗放、重治轻防、选用的药剂不对症或者延误防治适期等,都会降低病虫的防治效果,造成不同程度的产量损失、降低产品质量,直接影响广大菜农的经济收入。有时甚至投入了较高的生产成本,结果适得其反,从中不难看出实行科学种田,掌握预防为主、综合防治病虫害技能的重要性。

3. 蔬菜病虫的抗药性是什么?

在一个地区连续使用某种农药,防治一种或某几种蔬菜病虫时,经过一定时间后,再用此种药剂的相同剂量、相同浓度防治上述病虫,其防治效果有明显的降低,说明对药剂已产生了抗药性。由于病虫的抗药性可以遗传给后代,如要达到原来的防治效果,则需要增加几倍、几十倍、甚至上千倍的农药使用浓度和剂量,或增加施用次数才有效果,严重时可使药剂失效。

根据生物测定与敏感种群比较,当害虫种群中对某种药剂敏感性下降 5～10 倍,即认为这种害虫对该药剂已产生了 5～10 倍的低度抗性,10～50 倍为中度抗性,50～200 倍为高度抗性,超过 200 倍为极高度抗性。不同病原菌的抗药性水平也有规定的标准。

可见,蔬菜病虫产生抗药性是不合理的使用农药选择的结果,不仅增加了防治成本和农药的污染,还达不到预期的防治效果,使蔬菜造成更大的损失,成为蔬菜生产中的突出问题。

4. 怎样理解大白菜病虫害的综合防治策略?

大白菜生产过程中病虫害种类多,发生规律复杂,是大白菜丰产优质的主要限制因素。此外,在防治病虫过程中不合理使用化学农药等,还会影响到环境质量和产品的食用安全。因此,加强病虫害的综合防治工作,对保障大白菜产业的可持续发展有重要意义。

"预防为主,综合防治"是我国的植物保护工作方针,结合大白菜病虫害防治工作的特点,应从蔬菜,病虫和菜田环境的整体观点出发,着重处理好2个方面的关系:

(1)防和治的关系 强调预防为主或防重于治,即在病虫没有发生或没有造成明显的危害前,采取必要措施,使病虫不能发生或不能大发生,保护大白菜免遭损失或少受损失。但当病虫已经发生时,治也是必要的,那是以治补防的不足,两者密切结合。

(2)各项防治措施间的关系 实践已经证明,防治大白菜病虫害有多种方法,但是任何一种防治方法都不是万能的,依靠单一的方法不能有效地防治大白菜病虫害。各种防治病虫的手段都有其优缺点,把几种最适宜的措施有机结合、协调应用,删繁就减,才能提高防治效果,降低防治费用。

在综合防治中,要以农业防治为基础,因时因地制宜,合理运用化学防治、生物防治和物理防治等措施,达到经济、安全,有效地控制病虫危害,实现最佳的经济、生态和社会效益。大白菜病虫害综合防治是无公害蔬菜生产的重要组成部分,实现"从农田到餐桌"的质量控制体系的核心内容之一。

因此,首先要搞好生产基地的选择与建设,使环境空气质量、灌溉水质量和土壤环境质量达到国家规定的标准(NY 5010—2002)。在不同地区和茬口,掌握主要病虫发生流行规律和次要病虫发生特点,研究开发关键防治技术,组建综合防治技术体系,并融入无公害大白菜生产技术规程中,实现蔬菜产业可持续发展。

5. 大白菜病虫害综合防治的主要措施有哪些?

(1)选用抗病品种 是防治病害最经济有效、简单易行的方法,在综合防治中占有重要地位。近 30 年来,我国已培育出一大批适宜不同季节栽培、抗多种病害、丰产、优质的大白菜良种。春大白菜中如京春王、京春早、京春 99、豫白菜 11、豫新 5 号等抗病毒病、霜霉病和软腐病。夏大白菜品种如鲁白 13、早熟 6 号、夏抗 55 天、豫原 50、豫新 50 等抗三大病害;潍白 45、中白 50 等抗病毒病、霜霉病和黑斑病;早熟 5 号抗病毒病、高抗炭疽病。秋早熟大白菜品种如丰抗 60、西白 5 号、潍白 8 号、夏优 3 号、秋绿 55、秦白 6 号、郑早 60、东农 905、豫新 60 等抗三大病害;秋珍白 6 号抗三大病害、干烧心和黑斑病。秋中、晚熟大白菜品种如鲁白 16、天正品优 1 号、西白 7 号、秋绿 1 号、金秋 70、金秋 90、京秋 65、北京改良 67 号、北京新 3 号和新 4 号、中白 80、豫新 6 号等抗三大病害。

选用抗病品种要因地制宜,并要作到良种良法,注意抗病品种的多元化合理布局和轮换种植,监测病菌生理小种变化动态,延长抗病品种使用年限和选用新品种。

(2)合理安排蔬菜布局 根据主要病虫的寄主范围和传播途径,制定合理的种植计划。例如,秋大白菜避免与早熟白菜、萝卜、甘蓝等邻作,可减轻蚜虫和病毒病的发生。在病虫害严重发生区,夏季停种十字花科蔬菜对小菜蛾、菜青虫等和多种病害可起到拆桥断代、减少病菌传播而减轻病情的作用。

(3)轮作和间套作 轮作是一项用地养地结合,防治病虫害和促进蔬菜丰产的措施,生产上一般不宜采取连作或单作的方式。

在农区菜田可实行菜—稻、菜—粮轮作,能有效防治枯、黄萎病、根结线虫等重要病害。此外,提倡病原菌寄主范围外的菜—菜轮作,但应注意轮作期限,如大白菜菌核病至少应轮作 1～2 年,十字花科蔬菜根肿病需 4～5 年。

此外,大白菜与玉米间作,瓢虫、草蛉等捕食性天敌数量增多,蚜害较轻,减少有翅蚜迁飞传毒不利病毒病发生。

(4)土壤耕作　包括翻耕、晒垡、作畦(垄)、中耕等,为蔬菜提供适宜的土壤环境。还可把遗留在地面上的病残体、越冬(夏)的病原物翻入土中,加速其分解和死亡,对土壤中病菌的杀灭效果显著。如大白菜菜菌核病的菌核,翻入土中 9～10 厘米,翌年即死亡。晒垡可使一部分病原物失去活力,是防治软腐病等细菌病害的有效方法。高垄栽培可减轻霜霉病、细菌病害的发生危害。

(5)调节播种(移植)期　把蔬菜受害敏感的生育期与病虫盛发期错开,可起到避病避虫的作用。北京秋大白菜适宜播期为立秋前 3 天至后 5 天,在高温干旱年份适期晚播,可预防病毒病流行并可减轻霜霉病、软腐病而提高产量。

(6)施肥与灌溉　合理施用磷钾肥有利于提高蔬菜作物抗病虫害能力,氮肥过量大白菜抗病性降低,还有利蚜虫等滋生。施用未腐熟的有机肥有利多种病原物初侵染和加重病情,加剧地下害虫为害。大白菜生产应坚持增施有机肥为主,化肥为辅的原则,作到氮、磷、钾及其他营养元素的平衡。水的管理直接影响根系生长、土壤病原物的活力,以及菜田小气候变化。地下水位高、土壤含水多,易诱发软腐等细菌病害等流行,适时冬灌可破坏在土壤中多种越冬害虫的生境,压低虫口密度。北方地区大白菜"3 水齐苗,5 水定棵"的浇水措施,在干旱年份对减轻病毒病的发生有重要作用。

(7)清洁田园　蔬菜采收后,把遗留在地面上的病残株(体)及时烧毁或深埋,减少越冬(夏)菌源。如白菜霜霉病菌以卵孢子在病叶内,白菜根肿病菌以休眠孢子在肿根内越冬,经过处理对减少下一个生长季病原物的初侵染源有重要作用。对蚜虫、小菜蛾等多种害虫也有同样功效。杂草是多种病虫的越冬场所或过渡寄主,铲除杂草对防治病毒病有重大意义,还可减轻蚜虫、甜菜夜蛾、小地老虎、蟋蟀、有害软体动物等发生为害。

(8)生物防治法 利用有益生物及其代谢产物和基因产品等防治病虫害的方法。细菌杀虫剂苏云金芽孢杆菌(Bt)防治菜青虫、小菜蛾等食叶害虫,已较大面积应用。甜菜夜蛾、斜纹夜蛾核型多角体病毒已商品生产和实际应用。农用抗生素阿维菌素的制剂很多,广泛用于防治小菜蛾、甜菜夜蛾等,多杀菌素防治小菜蛾、甜菜夜蛾均有良好防效。在以菌治病方面,芽孢杆菌细菌制剂防治白菜软腐病,农用抗生素新植霉菌和农用链霉素防治软腐病、黑腐病和角斑病等细菌病害,抗霉菌素防治白粉病、炭疽病等。此外,小菜蛾、斜纹夜蛾和甜菜夜蛾等的性信息素已实现商品生产,在害虫测报和防治中已较广泛应用。

生物防治有许多优于化学防治的优点,如对人畜和天敌安全,与环境相容性好;其缺点是防治病虫效果易受环境因素影响,不如化学防治见效快,人工繁殖有益生物和应用技术难度较高,商品生产的天敌种类较少和应用范围较窄等。生物防治是综合防治的重要组成部分,是一项值得提倡并有很大发展前途的防治措施。

(9)物理机械防治法 应用各种物理因子及器械设备防治病虫的方法。物理因子主要是温度、光、电、声、射线等;机械作用包括人工去除、器械装置进行诱杀和阻隔等。多种病原菌侵染种子传播病害,温汤浸种是防治炭疽病有效的灭菌方法。利用害虫趋光性,以黑光灯、双波灯、高压汞灯、频振式杀虫灯诱集夜出性害虫。黄板诱捕蚜虫等害虫,已在测报和防治中广泛应用。此外,人工摘除甜菜夜蛾、斜纹夜蛾卵块、利用害虫假死习性捕杀金龟子等。人工或机械除草,控制草害发生,阻断多种病虫害的传染途径。

(10)化学防治　应用化学农药直接杀死病虫的方法,当然,种苗药剂消毒等也有预防作用。在我国当前以农户经营为主的体制和蔬菜生产条件下,化学防治在病虫害综合防治中占有主要地位,具有杀灭作用快,防治效果好,施药方法多,使用简便,应用不受地区和季节性的局限等优点。特别是病害流行和害虫大发生时,能及时控制为害。但如果农药保管、使用不当,会引起人畜中毒和农作物药害,污染环境和蔬菜产品,导致某些害虫产生抗药性,以及由于大量杀伤天敌,破坏生平衡。

现在农药研制工作正在沿着扬长避短的方向发展,高效、低毒,对环境和天敌安全的新型杀虫剂先后应用于生产,如氟啶脲、氟铃脲、虫酰肼、吡虫啉、氯虫苯甲酰胺等。因此,要正确的对待化学农药,避免误用、滥用和不合理的使用农药,提倡科学用药和安全用药,要协调好与其他防治方法(特别是生物防治)的关系。科学合理用药应遵循下列原则:遵守国家规定,在蔬菜上禁用剧毒、高毒、高残留和具有三致(致癌、致畸、致突变)作用的农药;根据防治对象选用高效、安全药剂;掌握科学用药量(使用浓度)、用药次数、用药方法和安全间隔期(最后一次施药距采收的天数);按照防治指标和防治适期施药;对病虫作用机制不同的药剂轮换使用,使化学防治在无公害蔬菜生产中发挥积极作用。

第二章　大白菜病害及防治

1. 如何识别大白菜病毒病？

大白菜病毒病又叫花叶病,俗称孤丁病、半边翘或抽疯,可危害大白菜、小白菜以及菜薹等十字花科蔬菜。该病对大白菜的危害尤其严重,被称为大白菜三大病害之一,发生普遍,全国各地都可发病,严重影响大白菜的产量与品质。其主要毒原是芜菁花叶病毒(TuMV),还有黄瓜花叶病毒(CMV)、烟草花叶病毒(TMV)和萝卜花叶病毒(RMV)。TuMV 是一种曲线条状病毒,长 680～750 纳米,十字花科蔬菜、菠菜以及芥菜等蔬菜和杂草都是寄主,其体外存活期只有 2～4 天,稀释终点为 1 000～10 000 倍,致死温度 55℃～60℃。在幼苗中的潜育期受温度影响,温度低时潜育期长,温度偏高则潜育期短,在 9～14 天。白菜病毒病的病原靠蚜虫作介体进行传播。

病毒病在大白菜各个时期均可发生,以苗期为主,特别是 7 叶前是发病敏感期;7 叶后则明显减轻。侵染愈早,发病愈重,危害也愈大。

(1)苗期发病　心叶叶脉透明,然后沿叶脉失绿,逐渐变为淡绿与浓绿相间的斑驳称为花叶,病叶皱缩不平、质脆,心叶扭曲畸形,叶背的主、侧脉上产生褐色坏死斑点或条纹。

(2)成株发病　植株叶片皱缩,着生许多褐色小斑点,叶背主脉呈褐色、稍凹陷状坏死条斑,植株严重矮化、畸形,不结球或结球松散,根系不发达,须根少,维管束呈现黄褐色;成株发病晚,病情较轻,只在植株一侧呈皱缩畸形或花叶,能正常结球,但叶球内部叶片上生有灰褐色斑点,品质和耐寒性较差。

（3）包心后期发病　也可发现受害轻重不等的植株，通常是外表正常，叶球内叶受害，受害的植株内球叶上有褐色坏死斑点，轻者部分内叶、重者半个叶球内叶受害，俗称"夹皮烂"，病株有苦味。

带病的留种株翌年种植后，严重者花梗未抽出即死亡，较轻者花梗弯弯曲曲、畸形，高度不及正常的一半。抽出的新叶明脉和花叶，老叶上生坏死斑，花梗上有纵横裂口。花早枯，很少结实，即使结实果荚也瘦小，籽粒不饱满，发芽率低。

2. 大白菜病毒病的发生规律是怎样的？

大白菜病毒病在周年栽培十字花科蔬菜的地区，病毒能不断地从病株传到健株上引起发病。在我国长江流域及华东地区病毒可以在田间十字花科蔬菜、菠菜及杂草上越冬，引起翌年十字花科蔬菜发病。在华北和东北等地区，病毒在窖内贮藏的白菜、甘蓝、萝卜等采种株上越冬，也可以在宿根作物如菠菜及田边杂草上越冬。春季传到十字花科蔬菜上，再经夏季的甘蓝、白菜等传到大白菜和秋萝卜上。

蚜虫是芜菁花叶病毒、黄瓜花叶病毒等的主要传播媒介，萝卜蚜、桃蚜、甘蓝蚜及棉蚜等都有传毒能力，同时还可以通过汁液的接触和田间农事操作传播。有些地区以桃蚜和萝卜蚜传毒为主，新疆则以甘蓝蚜为主。蚜虫在病株上短时间吸食后即具有传毒能力。病毒随着蚜虫取食，通过口器机械地传入健株内。有翅蚜比无翅蚜活动能力强、范围广，传病作用也较大。有翅蚜发生和迁飞的时间与病毒病的发生有密切的关系。病株种子不传病。

秋季的大白菜生育期适宜的温度为18℃～21℃，超过25℃易于发病。播种后如遇高温26℃～27℃干旱条件下，或地温持续过高，植株抗病性降低则发病。特别是大白菜6～7片叶前抗病性差，容易受害发病，被害越早损失越重。而此时期的高温、干旱，利于蚜虫的繁殖，又增加了病毒病的发病机率。

所以,秋播大白菜播种期早的,发病重,播种晚的,发病轻。若苗期气温偏低且多雨,则有利于白菜生长而不利于蚜虫活动,特别是大雨能冲掉叶上蚜虫,不利传病。而土壤的温度和湿度与病毒病的发生也有关系。在同样受侵染的情况下,土温高、土壤湿度低的,病毒病发生较重。在毒源和蚜虫多,大白菜与其他十字花科蔬菜邻作,病毒病能相互传染,管理不精细,缺水,缺肥等情况下,植株发病均重。

3. 怎样防治大白菜病毒病?

(1)选用抗病品种　抗病品种是防病的基础。因此,各地区因地制宜地选择优质、抗病、抗逆性强、商品性好并与栽培季节和栽培方式相适宜的品种,可参见概述有关部分。此外,大白菜一般叶色深绿,帮色深绿的较白帮的要抗病。如北京新 3 号、北京新 11、中白 2 号、北京小杂 50、中白 4 号、中白 13、郑白 4 号、83-61、86-15、鲁白 10、抱头青、丰抗 70、北京大青口、北京 106、青杂 3 号等。认真注意选留种株,保证种子质量。

(2)进行合理轮作　调整蔬菜等作物布局、合理轮作,避免十字花科作物重茬栽培,实行 2～3 年的轮作、间作,不与萝卜、甘蓝、黄瓜、烟草和芜菁等作物邻作或连作。一般前茬以葱、蒜为好,因其含有相当数量的辛辣素,具一定杀菌或抑菌作用,可减少病害的发生。

(3)调整播种时期　适期晚播种,使白菜的生育期避开高温季节,避开秋季蚜虫为害高峰时期,气温转低蚜虫减少,可减轻病毒病的发生。不管是直接大田行播或者是育苗移栽,都应把播期适当推迟一些。例如,某些地区过去的习惯是"立秋"播种,有的地方在"立秋"这一天,一切农事工作都为大白菜播种让路。其实这是不必要的,从丰产防毒角度出发,把播期推迟到"立秋"后 5～7 天,结合造足底墒,水肥并举,一促到底的管理方法,不必担心晚播包心不实。一般说来,凡是抢早播种于立秋之前的,再采取蹲苗、靠苗的老措施进行管理,病毒病将明显加重,病毒侵染的第一关没抓好,则后来多种病害易接二连三的发生,不可能获得丰产。

(4)加强田间管理　适时清洁田园,以减少田间毒源,发现少量病株立即拔除、烧掉或深埋,铲除病原,并及时施药防治;加强肥水管理,合理施肥,增施有机肥、微肥和生物菌肥等,促进植株长势健壮,提高营养水平,增强白菜的抗病虫能力。同时,及时防蚜、灭蚜,减少病毒的传播途径。

(5)化学防治　蚜虫是白菜病毒病的主要传播媒介,播种(移栽)前注意防治田边、地埂及邻作蔬菜上的蚜虫,出苗后及时防蚜、灭蚜。

同时,可于发病前喷施防病毒制剂,如喷施 20％盐酸吗啉胍·铜(病毒 A)可湿性粉剂 500 倍液,或 1.5％的植病灵 1 000 乳剂倍液,或用 10％混合脂肪酸(83 增抗剂)水剂 100 倍液,或 8％宁南霉素水剂 500 倍液,或 0.5％香菇多糖(抗毒剂 1 号)水剂 300倍液等,在定植前后各喷 1 次。发病初期喷施高锰酸钾溶液 800倍液或 50％氯溴异氰尿酸(消菌灵)可溶性粉剂 800~1 000 倍液,同时加入叶菜型植物生长营养液水剂"天达 2116"或云大 120,可有效地控制大白菜病毒病的发生与蔓延,促进大白菜的生长发育,改善品质。

在定植后可喷洒植物生长营养液(天达 2116)水剂 1 000 倍液＋20％盐酸吗啉胍悬浮剂(天达裕丰)1 000 倍液,或 7.5％克毒灵水剂 1 000 倍液,或 0.5％菇类蛋白多糖水剂(抗毒丰)300 倍液,或 1.5％植病灵乳剂 1 000 倍液＋"金云大-120"芸苔素内酯 1 500倍液等,隔 10 天 1 次,连续防治 3~4 次。

(6)隔蚜育苗　大白菜有直播和育苗移栽两种育苗方式。对青苗移栽选择做畦地块时,尽量避免使用栽种十字花科作物的地块。因为尽管植株上未发现蚜虫的存在,地面上的残株和杂草还是会有蚜虫的存在。而当气温、空气湿度等适合蚜虫生长时,则会在大白菜幼苗上危害,从而造成白菜病毒病的传播和危害。所以当重新整地作畦时可喷杀蚜效果好的药剂于地面,防除蚜虫后再播种育苗。

(7)冷纱覆盖育苗　育苗的畦块,播种后立即用 40～45 筛目的白色或银灰色尼龙纱或塑料纱网做成小拱棚进行覆盖,使蚜虫不能钻进去。此外,白色和银灰色还是蚜虫不太喜欢的颜色,具有忌避作用。同时,用纱网罩起的小环境,温度比外界高,幼苗生长快,所以育苗可比露天地块晚播 1～3 天。

(8)颗粒剂的使用　用炉灰、黏土等作载体,按 100∶1 的比例使用 1% 的乐果粉或 1% 的灭蚜松调配均匀制成颗粒剂,粒径一般掌握在 1.5～2 毫米,在播种前 3～5 天按 7.5～10 千克/667 米^{2}用量撒于田间 1～2 次,把残留的蚜虫驱杀一下。在播种后 7 叶期前,再撒 2～4 次,把迁飞的蚜虫驱杀一些,以争取驱杀蚜虫的最佳效果。如果配合施炉灰改变地表黄土的颜色,蚜量可减少。在此需要强调一点,大白菜 7 叶期前,是感染病毒的关键时期,必须采取多种措施,力求病毒的最小感染量。

4. 如何识别大白菜霜霉病?

大白菜霜霉病俗称霜叶、白霉、霜叶病、黄炸叶、枝干、龙头拐等,是一种真菌性病害。危害大白菜、小白菜、油菜,此外也危害甘蓝、花椰菜等其他十字花科蔬菜。其中,以北方大白菜受害最重,流行年份可造成减产 50%～60%,是大白菜三大病害之一。

大白菜霜霉病在整个生育期均易发病,主要危害子叶、真叶、花及种荚。

(1)苗期发病　子叶或嫩茎变黄后枯死,真叶发病多始于中下部叶片,先在叶面出现水渍状淡绿色斑点,叶片出现多角形或不规则形病斑,叶脉处呈黄褐色病斑,在湿度较大时,病斑叶背长出白霉,严重时病斑连片,叶片枯死,莲座期以后发病加重。

(2)子叶期发病 叶背出现白色霉层,在高温条件下,病部常出现近圆形枯斑,严重时茎及叶柄上也产生白霉,苗、叶枯死。成株期,叶正面出现淡绿至淡黄色的小斑点,扩大后呈黄褐色,病斑受叶脉限制,呈多角形,潮湿时叶背面病斑上生出白色霉层。

(3)包心期发病 条件适宜时,叶片上病斑增多并联片,叶片枯黄,病叶由外叶向内叶发展,严重时植株不能包心。种株受害时,叶、花梗、花器、种荚上都可长出白霉,花梗、花器肥大畸形,花瓣绿色,种荚淡黄色,瘦瘪。

5. 大白菜霜霉病的发生规律有何特点?

霜霉病菌喜温暖潮湿的环境,病菌孢子常借助于风雨传播,所以南方温暖多湿的气候条件有利于该病的大发生。霜霉病最适发病环境为日平均温度 14℃~20℃,相对湿度 90% 以上,最适感病生育期莲座期至采收期,发病潜育期 3~10 天。发病盛期主要集中在春季 4 月中下旬至 5 月上中旬,在留种株上发生较多,形成年发生规律的第一个发病高峰;同时,秋季的 9 月初到 11 月,也是霜霉病易发生季节,会形成年内第二个发病高峰期。

在北方寒冷或海拔高的地区,病菌主要以卵孢子在病残体或土壤中,或以菌丝体在采种母根或窖贮白菜上越冬。翌年卵孢子萌发产出芽管,从幼苗胚茎处侵入,菌丝体向上蔓延至第一片真叶,并在幼茎和叶片上产出孢子囊形成有限的系统侵染。经风雨传播蔓延,先侵染普通白菜或其它十字花科蔬菜。此外,病菌还可附着在种子上越冬,播种带菌种子直接侵染幼苗,引起苗期发病。病菌在菜株病部越冬的,越冬后产生孢子囊,孢子囊成熟后脱落,借气流传播,在寄主表面产生芽管,由气孔或从细胞间隙处侵入,经 3~5 天潜育又在病部产生孢子囊进行再侵染,如此经多次再侵染,直到秋末冬初条件恶劣时,才在寄主组织内产出卵孢子越冬,经 1～2 个月休眠后,又可萌发,成为下年初侵染源。

霜霉病的发生跟温湿度、露水与栽培管理方式有很大的关系。一般说气温在 15℃～24℃ 区间反复波动,早晚温差大、多雾重露、晴雨相间相对湿度较高,易引起发病。此外,台风、雨水偏多的地方霜霉病发生重;连作地、地势低洼积水、沟系少、湿度大、排水不良的田块发病也会较早较重。

6. 怎样防治大白菜霜霉病?

霜霉病的防治应采取加强栽培管理和消灭初侵染源为主,合理利用抗病品种,加强预测预报,配合药剂防治等综合治理措施。

(1)选用抗病品种　抗病毒病的丰产良种,一般都抗霜霉病,可因地制宜选用。如津绿 75、北京新 2 号、北京 80、106、晋菜 3 号,丰抗 70,烟白 1 号,山东 4 号,鲁白 6 号,青杂 3 号,龙白 1 号,秦白 2 号、小青口、小杂 55、小杂 60、小杂 65,绿宝,天津青 9 号、拧心青等品种。

(2)种子消毒处理　播前用种子重量 0.1% 的 35% 甲霜灵可湿性粉剂,或保种灵可湿性粉剂(35% 甲霜灵、50% 福美双、70% 甲基硫菌灵按 74∶17∶9 的比例混合)拌种,也可按种子重量 0.4% 的 50% 福美双可湿性粉剂拌种,可减少病害初次浸染源。或种子用适乐时进行包衣消毒。

(3)加强田间管理　精细整地,施足有机基肥并适当增施磷、钾肥,促进植株健壮生长。深沟高畦、短畦栽培,保持田间排水良好,通风流畅,及时去除病株,前茬收获后清除病叶,并及时深翻,以减轻病菌传播。南方提倡深沟窄厢高畦栽培,一般畦沟深 18 厘米,腰沟深 24～30 厘米,围沟 36 厘米有利于排水防病,并防止表土温度过高或干燥,以避免灼伤幼根。北方则应推行带状种植法,方便后期防治。

(4)合理轮作　与非十字花科作物隔年轮作,有条件的地方可实行 2 年以上轮作,南方进行水旱轮作,北方可与小麦等粮食作物轮作。

(5)适期播种 根据茬口、品种及气候确定适宜的播期。早播病重,晚播病虽轻,但包心不足,但若遇到高温干旱年,大白菜应适当晚播,杂交种的抗病性较农家种强,播期可安排在前。

(6)化学防治 大白菜苗期即应开始田间病情调查,发现中心病株后,立即拔除并喷施药剂防治,在莲座末期要彻底进行防治。可选用的药剂有:40%三乙膦酸铝可湿性粉剂 150～200 倍液,或 75%百菌清可湿性粉剂 500 倍液,或 70%乙铝·锰锌可湿性粉剂 500 倍液,或 64%噁霜·锰锌可湿性粉剂 500 倍液喷雾处理。也可选用 69%的锰锌·酰胺可湿性粉剂 1 000 倍液,或 52%金甲霜灵可湿性粉剂 1 000 倍液,或 25%甲霜灵可湿性粉 600～800 倍液,或 72%霜脲·锰锌(克露、克抗灵、克霜氰)可湿性粉剂 800～1 000倍液等杀菌剂喷雾,药液量依不同生育期而异,一般为 45～60 千克/667 米^2,每隔 7～10 天喷一次,连续喷施 2～3 次,几种药剂交替使用,避免病菌产生抗药性。或用生防制剂 1.5 亿活孢子/克木霉菌可湿性粉剂每 667 平方米 267 克对水 50 升喷雾,每 5～7 天喷 1 次。霜霉病的发生与病毒病发生关系密切,因此防治时应将这两个病害综合起来考虑,才能收到良好的防治效果。

7. 如何识别大白菜根肿病?

根肿病是十字花科蔬菜的一种重要真菌病害,曾被列为国内植物检疫对象,对大白菜为害最重,已成为一些地区大白菜生产的主要病害,严重影响蔬菜品质,造成大幅度减产,发病重的田块甚至导致绝收。

该病主要危害大白菜地下部分。发生根肿病的白菜主、侧根形成数目和大小不等、形似手指状、短棒状或球状肿瘤。主根的肿瘤靠近地上部,比较大,呈球形或近球形,数量比较少。发病前期瘤体表面光滑,后期表皮粗糙,凸凹不平,明显龟裂,容易受到其他杂菌(如软腐病菌)侵染,造成腐烂,散发臭味,致使菜株枯萎死亡。侧根上的瘤子比较小,呈手指状或圆筒状,但数量比较多;须根上的肿瘤多,而须根上的瘤子更小,呈球状,数量更多,常几个至十几个,甚至 20 多个并串生在一起。感病植株明显矮化,叶片由下而上逐渐发黄,凋萎下垂,在晴天中午前后尤其明显,似缺水、缺肥状。但在发病初期,地上部危害症状一般不明显,只植株生长缓慢,在中午前后烈日下叶片萎垂呈失水状,但早晚又可恢复。后期叶子枯黄,严重时,植株枯萎而死。

白菜根肿病与白菜根结线虫病部分表现出相同的症状,即菜株在烈日下呈萎蔫状,而根部有不同形状的大小肿瘤。白菜根肿病和根结线虫病的主要区别在于:剖开根结(或肿瘤),根结线虫病可以见到在病部组织里有许多很小的乳白色雌线虫埋于其内部,而根肿病则没有虫体。

8. 大白菜根肿病的发生规律有哪些特点?

根肿病病原芸薹根肿菌产生的休眠孢子囊呈球形或卵形,单胞、无色。休眠孢子囊萌发后产生出游动孢子。游动孢子具两根鞭毛,可在水中运动。病菌以休眠孢子囊在土壤中或黏附在种子上越冬,可在土壤中存活 10 年以上。如果病株(包括病根)用来沤肥,未经高温腐熟处理,那粪肥也可带菌。翌年田间常可通过土壤、种子、种苗或借助雨水、灌溉水、昆虫、肥料及农事操作等进行传播。远距离还可通过带菌的种子和病苗调运传播。在适宜的条件下,休眠孢子囊萌发,产生游动孢子,从白菜的幼根或根毛穿透表皮侵入寄主细胞内,以后病菌经过一系列的演变和扩展,由根部皮层进入形成层,激发寄主薄壁细胞分裂和膨大,而在根部形成不同形状、大小不一的肿瘤。最后,在肿瘤内的病菌又形成许多休眠孢子囊,根肿瘤腐烂之后孢子囊又落入土中越冬。

白菜根肿病的发生与温湿度关系较密切。芸薹根肿病菌生长温度范围较广,9℃～30℃都可发病,但发病适宜的温度为19℃～25℃。病菌孢子囊的萌发、游动孢子的活动与侵入,要求土壤中有较高的湿度,适宜的相对湿度为50%～98%。大白菜根肿病的发生与土壤含水量的关系也较大,土壤含水量达70%～90%时,最利于休眠孢子囊的萌发和游动孢子活动及侵入寄主。如果土壤含水量在45%以下时,则很少发病。此外,根肿病的发生与土壤酸碱度的关系也非常密切,土壤偏酸性,特别是pH为5.4～6.5时,利于该病的发生;若土壤偏碱性,pH7.0以上时,则不利于发病。根肿病的发生与栽培管理也有很大的关系,病地连作、低洼地和水田改旱作地会使病害加重。

9. 怎样防治大白菜根肿病?

(1)严格植物检疫措施 由于白菜根肿病休眠孢子囊的抗逆性很强,能在土壤中保持侵染力长达10年之久或更长时间,且此病只在局部地区发生,故应严禁从病区调运种苗和蔬菜,以保护无病区。同时种植白菜时,应进行种子消毒处理。

(2)实施轮作 大白菜与非十字花科作物如玉米、豆类等轮作3年以上。发病严重的地块,进行5～6年轮作。在规定轮作的年限内不种大白菜等十字花科蔬菜。春、夏季可种植茄果类、瓜类及豆类等蔬菜,秋、冬季可改种菠菜、莴苣及葱蒜类蔬菜,甚至需要与水稻、大麦、小麦等粮食作物进行轮作。

(3)选用无病苗及苗床消毒 严格选择无病地或新垦地育苗,在移栽定植时注意淘汰病苗。受病菌侵染的苗床,须进行土壤消毒。方法是:湿土用1:50的甲醛(福尔马林)溶液每平方米淋药液18克,干土则用1:100倍甲醛溶液每平方米淋药液36克,然后用塑料布或草帘覆盖48小时后,除去覆盖物,待土壤中的药物充分散发后方可播种育苗。移栽时要严格挑选健苗定植。另外,也可用氯化苦(三氯硝基甲烷)穴施(60~120 克/米²),然后覆土踏实,消毒效果也很好。

(4)田间栽培管理措施 包括翻晒土壤,深沟窄厢高畦,雨季及时排除积水。选择晴天进行定植,根据生长实践证明定植后有 1~2 周的晴天,就能大大减轻发病;如定植时下雨或定植后不久下雨,淋施 2%石灰水,可减轻发病。施用充分腐熟的有机肥,在莲座期前以施清水粪为主,采取氮、磷、钾配方施肥。改良土壤酸碱度,每 667 平方米施生石灰 80~100 千克,将土壤 pH 值调至微碱性。施用方法:可在定植前 7~10 天将石灰均匀撒施土面后作畦,也可定植时穴施。一般在移苗时,每穴约施消石灰(熟石灰)50克,防病效果较好,也可用 15%石灰乳(氢氧化钙溶液)于菜株移栽时逐株浇施。

另外,病害发生后,可用 2%石灰水充分淋施畦面,以后隔 7天再淋 1 次,可大大减轻此病危害。田间发现零星病株立即拔除,带出地外烧毁,并在病穴四周撒生石灰消毒,以防病菌扩散。同时也应注意田间卫生,及时铲除田边十字花科杂草。

(5)药剂防治

育苗移栽的大白菜采用无病土育苗,或播前用 40%甲醛(福尔马林)30 毫升加水 100 毫升,或 75%五氯硝基苯粉剂 500 倍液喷洒床面,用塑料膜覆盖 5 天后对苗床进行消毒,揭膜晾 2 周后再播种。

对于发病重的地块,在移栽时用 10%氰霜唑悬浮剂 800 倍液浸菜根 20 分钟,或用 40%五氯硝基苯粉剂,或 50%多菌灵可湿性粉剂,或 70%甲基硫菌灵可湿性粉剂,或 50%苯菌灵(苯来特)可湿性粉剂,或 50%克菌丹可湿性粉剂等药剂 500 倍液穴施、沟施,或药液蘸根以及药泥浆沾根后移栽大田。

发病初期,选用 53%金甲霜灵·锰锌水分散粒剂 500 倍液,或 40%五氯硝基苯粉剂 500 倍液,或 72.2%霜霉威盐酸盐(普力克)水剂混掺 50％福美双可湿性粉剂 600 倍液,或 50％多菌灵可湿性粉剂 500 倍液,或 96％恶霉灵粉剂 3 000 倍液,或 60％百泰水分散粒剂 1 000 倍液,或 10％氰霜唑悬浮剂 50～100 毫克/千克,或 50％氯溴异氰尿酸可溶性粉剂 1 200 倍液灌根,每株 0.4～0.5 千克。也可用 75％五氯硝基苯粉剂穴施或条施(22.5～45 千克/公顷)或淋施 700～1 000 倍液(0.25～0.5 千克/穴),都可达到较好的防治效果。

(6)大白菜根肿病的生态综合防治

①草木灰拌土盖种　将草木灰与田土按 1∶3 的比例混拌均匀后,用混拌好的土覆盖种子,然后用喷雾器在上面浇足水。

②重施草木灰,合理施用基肥　施用充足的干草木灰和腐熟的农家肥。每 667 平方米施腐熟农家肥料 5～6 立方米,施干草木灰 250 千克,根肿病严重的地块施 300～400 千克,在施完充分腐熟的农家肥之后,将草木灰施在农家肥料之上,以达到在白菜根区创造碱性环境的目的。

③测土配方施肥　氮磷钾配方要合理,补充钙、硅、镁及微量元素。根据通化县土壤严重缺钙、硅、钾的状况,建议每 667 平方米施过磷酸钙 50～75 千克,硅酸钠 20 千克,氯化钾(60％)14 千克,将其作底肥一次性施入。其他地区则根据本地的土壤化验结果,确定合理的施肥配方。

④喷施 EM 生物菌肥　在施完基肥后,在垄沟内喷施 EM 溶液 300 倍液,然后合垄。播种后在播种穴内喷施 EM 溶液 300 倍液,使白菜种子一萌发即在有益菌的影响范围内。出苗后当 3 叶 1 心时,第三次喷施 EM 溶液 300 倍液,重点向根部喷施。

⑤喷施叶面肥　市售的化肥精含有多种微量元素,从大白菜定苗开始,每 667 平方米用化肥精 100 克对水 60～70 千克浸泡半小时后,于晴天上午 7～10 时、下午 4～7 时或阴天无雨时喷施,以喷施叶子两面为佳。剩下的水溶液连残渣可一并灌施土壤中。全

生育期喷 3 次,间隔 10～15 天喷 1 次。同时从大白菜结球期开始,可喷施高效钙,如美林高效钙每袋 50 克对水 15 千克叶面喷施 2 次,间隔 15 天。

10. 如何识别大白菜黑斑病?

大白菜黑斑病又名黑霉病或轮纹病,是近几年秋播大白菜上危害较严重的病害之一。主要发病症状在叶片及叶柄,有时花梗和种荚也会受害。发病多从外叶开始,初生时为水渍状小点,后逐渐扩大为近圆形、暗褐色、边缘淡绿色病斑;几天后病斑直径扩大,呈灰褐色至黑褐色,具明显的同心轮纹,病斑直径 2～6 毫米。病害严重时,病斑密布叶面,汇合成大病区,叶片变黄,局部或全叶枯死。叶柄上病斑长梭形,暗褐色,凹陷。茎、花梗受害,病斑椭圆形,暗褐色。种荚上病斑近圆形、中心灰色、边缘淡褐色,有或无轮纹。潮湿时,生黑色霉状物。花梗和种荚上病状与霜霉病引起的病状相似,但长出黑霉可与霜霉病区别。黑斑病在大白菜外叶发病最重,球叶次之,心叶最轻;叶龄大的底脚叶发病早而重;发病次序是由下向上,由外向内。

11. 大白菜黑斑病的发生规律有哪些?

在北方地区,病菌以菌丝体或分生孢子在病残体上、土中、种子表面和冬贮菜上越冬,成为田间发病的初侵染源。9、10 月份发生较普遍。而南方一些周年可种植十字花科蔬菜的地区,病菌周年辗转危害,无明显越冬期。病菌分生孢子可借风雨传播,在条件适宜时产生芽管,从大白菜气孔或表皮直接侵入,约 7 天即可产生大量新的分生孢子,重复侵染,扩大蔓延。

该病的发生受环境条件影响较大,一般低温高湿的条件较易发生,连续阴雨或大雾的条件下易流行。所以,在广东地区白菜黑斑病多发生在气温较低的 12 月至翌年 2 月份;而北方如黑龙江、辽宁、山东等地,气温偏低,白菜黑斑病为害较重。该病生长温限 $0℃\sim35℃$,pH 范围为 $3.6\sim9.6$,最适生长条件温度 $17℃\sim25℃$,pH6.6。发病温度范围 $11℃\sim24℃$,在 $11.8℃\sim19.2℃$,相对湿度 $72\%\sim85\%$ 的条件下易发病。在 $25℃$ 以下,如果叶片的表面有水膜,孢子可以直接增殖数倍。尤其在植株中后期,如遇多雨、多露天气或田间湿度较大时,病害会迅速流行。品种间对病害的抗性有一些差异,但很少有高抗和免疫的品种。不同播种时期,病害发生严重程度会有很大差别,同一品种早播的发病重,晚播的发病轻。大水漫灌底肥不足的田块发病重,播种前进行种子杀菌消毒处理的田块苗期很少发病,生长中后期受害也轻。

12. 怎样防治白菜黑斑病?

(1)选用抗病品种 生产实践证明,从黑斑病发生严重的地区引进的品种黑斑病发生都较严重,一些合抱品种也有部分发病严重。因此,在大面积种植新品种时,应先进行小面积试种,以田间表现好的品种再进行种植。

(2)种子消毒处理 为消灭种子本身所带病菌,进行种子消毒处理是非常必要的。可在播前用 $50℃$ 温水浸种 10 分钟,对大白菜黑斑病的发生和流行有抑制作用;也可用种子重量 0.4% 的 50% 福美双可湿性粉剂拌种,或用种子重量 0.3% 的 50% 异菌脲可湿性粉剂拌种处理。

(3)栽培管理 提高播种质量,实行高垄栽培,垄高 $10\sim15$ 厘米,垄长不超过 25 米。精准播种,用种量 $2.25\sim3$ 千克/公顷,并根据当地气候情况,选择最适播种时间。进行适时定苗,选用适当的株距。由于大白菜黑斑病多在封垄后发生,可在播种或定棵时每 6 行留 1 行,供打药时行走。

(4)合理施肥 施用腐熟优质的有机肥,并增施磷、钾肥,有条件的地方应配方施肥,促进植株健壮生长,以提高植株抗病能力,一般来说按大白菜生长需要,依测土配方标准,按每 667 平方米生产 1 万千克产量计算,应在种植前施充分腐熟的优质农家肥 5 000 千克,磷肥 50 千克;在苗期、莲座期、包心期共追施纯氮 16 千克,五氧化二磷 8 千克,氧化钾 18 千克。若植株长势弱,除加强水肥管理外,同时补施叶面肥,可在所喷的药液中加入 0.2%磷酸二氢钾或 1%红(白)糖,给叶面补充营养。

(5)加强田间管理 根据大白菜的品种特性、土壤肥力等因素,进行合理灌水与测土配方施肥,培育健壮苗,增强对病害的抵抗能力。在田间湿度大、发病重的地块,选用较宽的株距定苗,以改善通风环境。适时适量灌水,苗期小水勤灌,莲座期适当控水,包心期大肥大水,但忌大水漫灌,以保持地面湿润为宜,及时整修排灌渠道。在病害流行期适当控水,避免因田间积水增加相对湿度。及时将病叶、病残体带出田外深埋或烧毁。并注意田间卫生,及时清除田边、地头杂草,减少菌源。

(6)化学防治 利用化学药剂防治大白菜黑斑病,进行及早喷药。黑斑病病原菌侵入大白菜叶片后,过 3～5 天就可形成病斑,而病斑上又可生出黑色霉状物,再侵入大白菜。所以,在植株下部叶片出现病斑时开始用药最好。防治大白菜黑斑病可选用的化学药剂有:50%异菌脲可湿性粉剂 1 000 倍液、50%福美双可湿性粉剂 500 倍液、64%噁霜·锰锌可湿性粉剂 500 倍液、58%甲霜灵锰锌可湿性粉剂 400～500 倍液、65%代森锌可湿性粉剂 600 倍液、70%代森锰锌可湿性粉剂 400 倍液、80%代森锰锌可湿性粉剂 500 倍液、50%腐霉利可湿性粉剂 1 000～1 500 倍液、40%多·酮可湿性粉剂 800～1 000 倍液、3%多抗霉素(多氧清)水剂 700～800 倍液、50%异菌·福美双可湿性粉剂 700 倍液、10%苯醚甲环唑(世高)水分散粒剂 1 500 倍液等。每 667 平方米一般用药液量 45～60 千克,多种药剂交替使用,每隔 7～10 天用药 1 次,连续用药 2～3 次即可奏效。同时在进行药剂防治时还可加入 0.2%磷酸二氢钾或叶面宝 8 000 倍液等,以提高作物长势,增强抗病性。在有霜霉病同时发生时,可用 80％乙铝·锰锌可湿性粉剂 500 倍液、72％霜脲·锰锌可湿性粉剂 700 倍液等。

13. 怎样识别大白菜炭疽病?

大白菜炭疽病危害多种十字花科蔬菜,其中以大白菜受害最为严重,全国各产区均有发生,严重影响大白菜的品质与商品性。

病菌主要危害叶片及菜帮。叶片染病后,初生苍白色或褪绿水浸状小斑点,直径 1～2 毫米,扩大后为圆形或近圆形灰褐色斑,中央略下陷、白色,膜质边缘褐色,有时周围叶组织变黄,病斑多时连接成大的病斑,但一般不造成叶片枯死。发病后期,病斑灰白色,半透明,病部往往破裂或穿孔。病菌为害菜帮时,形成棱形凹陷斑,主要生于叶背,严重时正面也发生,淡褐色,长 1～5 毫米,大的可达 1～2 厘米,斑多时可发展到叶脉分枝处,使叶帮失水并引起叶片干枯,甚至植株死亡。若田间湿度大时,病斑上常伴有诸红色黏质物产生。

14. 大白菜炭疽病的发生规律如何?

大白菜炭疽病菌主要以菌丝体或分生孢子在病残体或种子上越冬,是一个重要的种传病害。特别是在远距离传播中,种子带菌更为重要。而田间的短距离传播中,昆虫、雨水、灌溉水是其再侵染的主要传播途径。在病残体或种子上越冬的病菌,翌年以分生孢子长出芽管进行侵染,潜育期 3～5 天出现症状,病部产出新的分生孢子进行再侵染。

大白菜炭疽病的发生与环境温度有很大关系,而白菜受害的严重程度与适温期降雨量及降雨次数多少有直接的关系。该病害属高温高湿型病害,其发生需要高温、高湿的环境,如当 8～9 月份白菜种植季节气温偏高(25℃以上),且遇多雨的年份则炭疽病发生严重。因此,白菜炭疽病的发生与各年气温关系非常密切。在各地一般早播白菜,种植过密或地势低洼,排水不良好通风透光差的田块发病较重。

15. 怎样防治大白菜炭疽病?

(1)选用抗病品种　种植抗病品种,如青杂3号、青杂5号等。

(2)种子消毒　选用无病种子,或在播前种子用50℃温水浸种10分钟,或用种子重量0.4%的50%多菌灵可湿性粉剂或0.3%～0.4%的50%福美双可湿性粉剂拌种。

(3)栽培管理　加强田间管理,选择地势较高,排水良好的地块栽种,及时排除田间积水。合理施肥,增施磷钾肥。注意清洁田园,及时清除病残体。收获后深翻土地,加速病残体的腐烂。在发病较重的地区,进行适期晚播,避开高温多雨季节,同时控制莲座期的水肥。并进行合理轮作,与非十字花科蔬菜隔年轮作。

(4)化学防治　在田间发现并于大白菜炭疽病初发期,及时喷施化学药剂进行防治。可选用药剂有50%多菌灵可湿性粉剂500倍液、50%异菌·福美双(利得)可湿性粉剂800倍液、80%炭疽福美可湿性粉剂500倍液、40%多菌灵·硫磺悬浮剂700～800倍液、70%甲基硫菌灵可湿性粉剂500～600倍液、75%百菌清可湿性粉剂1 000倍液、25%溴菌清(炭特灵)可湿性粉剂500倍液、25%咪鲜胺(使百克)乳油1 000倍液、50%咪鲜胺锰盐(施保功)可湿性粉剂1 500倍液、30%苯噻氰(倍生)乳油1 300倍液等。用药量一般为45～60千克/667米^2,多种药剂交替使用。每隔7～10天喷1次,连喷2～3次。

16. 如何识别大白菜白斑病?

大白菜白斑病是一种真菌性病害,主要为害叶片,且常与霜霉病并发,危害性加重。全国各地都有发生,在冷凉地区发生严重,发病率为 20%～40%，重病地块或重病年份病株率可以达到 80%～100%。不仅造成产量损失，还严重影响蔬菜的质量和贮藏。此外该病也可危害油菜、萝卜、芥菜、芜菁等。发病初期叶面散生灰褐色圆形小斑点，后扩大成圆形、近圆形或卵圆形病斑，直径为 6～10 毫米。中央逐渐由褐色变为灰白色，边缘有白色或淡黄色的晕圈。叶背病斑与叶正面相同，但边缘微带浓绿色。严重时病斑连成不规则形状，叶片从外向内一层层干枯，似火烤状，导致全田呈现一片枯黄。潮湿时，周围水渍状，病部变薄呈半透明状，有时病部脱落成穿孔。叶帮受害，形成灰褐色凹陷斑，往往造成腐烂，病部有灰褐色霉状物。

17. 白斑病的发病有何规律？

病菌随病株残体在土表或种子以及种株上越冬，翌年春季随风雨传播侵染，孢子发芽后从气孔侵入，病斑形成后又可产生分生孢子，借风雨传播进行多次再侵染。此病属低温型病害，但对温度要求不大严格，5℃～28℃均可发病，发病适温为 11℃～23℃。在白菜生育前期，当日均温 23℃ 以下，相对湿度高于 60%，降雨量大，一般雨后 12～16 天会开始发病，此为越冬病菌的初侵染，病情一般不重。生育后期若遇气温降低，日均温 11℃～20℃，且昼夜温差大时，日均相对湿度 60% 以上时，进行频繁再侵染，则病害会迅速扩展开来，尤其是连续降雨可促进病害的流行。

此外，连作、地势低洼、浇水过多、播种过早等情况下，也会容易病害流行。在北方菜区，本病发生于 8～10 月份，长江中下游及湖泊附近菜区，春、秋两季均可发生，尤以多雨的春季发病重。此外，还与品种、播期、连作年限、地势等因子有关，一般播种早、连作年限长、下水头、缺少氮肥或基肥不足，植株长势弱的发病重。

18. 怎样防治大白菜白斑病？

（1）选用抗病品种　要因地制宜选用抗病品种，一般杂交种较抗病。如辽白 1 号、玉青、白包头、疏心青白口、小青口、青麻叶、北京 1 号、北京新 4 号、京绿 7 号、锦州青包头、冀白菜 6 号、石绿 85、青杂 3 号、青杂 5 号等品种比较抗病。

（2）种子消毒　选用无病种株，防止种子带菌。带菌种子可用 50℃温水浸种 20 分钟，然后立即移入冷水中冷却，晾干后播种。也可用 70％代森锰锌可湿性粉剂，或 50％多菌灵可湿性粉剂，或 50％福美双可湿性粉剂，按药量为种子重量的 0.4％进行拌种。

（3）加强田间管理　与非十字花科蔬菜实行 3 年以上轮作。适期晚播，避开发病环境条件，增施有机肥，配合磷、钾肥料，补充微量元素肥料，及时清除田间病株。收获后进行深耕。

（4）生物防治　病害开始发生时，用 2％抗霉菌素 120 水剂 200 倍液，或 1％农抗武夷菌素水剂 150 倍液，隔 6 天喷 1 次，连喷 2～3 次。

（5）化学防治　田间见有零星发病时，开始喷施药剂进行防治。可选用的药剂有：70％甲基硫菌灵可湿性粉剂 800 倍液、75％百菌清可湿性粉剂 600 倍液、60％噁霜·锰锌可湿性粉剂 500～700 倍液、80％炭疽福美可湿性粉剂 800 倍液、40％多菌灵·硫磺悬浮剂 800 倍液、80％代森锰锌可湿性粉剂 600 倍液、50％多·福可湿性粉剂 600～800 倍液、25％多菌灵可湿性粉剂 400～500 倍液、50％乙霉·多菌灵可湿性粉剂 800 倍液、65％乙霉威可湿性粉剂 1 000 倍液、50％苯菌灵可湿性粉剂 1 500 倍液、50％腐霉利可湿性粉剂 1 000 倍液、50％异菌脲可湿性粉剂 1 000 倍液、50％乙烯菌核利可湿性粉剂 1 000 倍液、50％异菌·福美双（利得）可湿性粉剂 800 倍液等，一般药液量 45～60 千克/667 米²，每 10 天喷一次，连喷 2～3 次。多种药剂交替使用，避免抗药性的产生。遇有霜霉病与白斑病同期发生时,可在多菌灵药液中混配 40%乙膦铝可湿性粉剂 300 倍液、45～60 千克/667 米² 喷施,每隔 10 天左右喷 1 次药,连喷 2～3 次。

19. 如何识别大白菜环斑病?

大白菜环斑病是一种真菌性病害,在北方蔬菜产区时有发生,近年来危害加重,主要危害大白菜。该病多在包心期后发病。植株外叶上产生圆形或近圆形病斑,直径 8～15 毫米,灰白色,周围常有黄绿色晕环,病斑表面散生或轮生许多小黑点,病重时叶片上病斑常汇合连成片。

20. 环斑病的发病有何规律?

大白菜环斑病菌随病残体在土壤中越冬,翌年播种大白菜时,产生分生孢子借风雨传播进行初侵染和多次再侵染。病菌主要借风雨、灌溉水传播。病菌较喜温、湿条件,发病适宜温度 18℃～20℃,要求 85%以上的相对湿度,叶面有水滴对病菌的扩散传播和侵入十分重要,缺肥或肥料过多易于发病。多雨年份,田间湿度大或结露次数多,持续时间长,栽植过密易导致发病,而且病情发展快。偏施过施氮肥或后期脱肥,湿气滞留发病重。

21. 怎样防治大白菜环斑病?

(1)农业防治　选择地势平坦、土质肥沃、排水良好的的地块种植。整修排灌系统,实行高垄或高畦栽培。重病地与非十字花科蔬菜进行 2 年以上轮作。施足粪肥,氨、磷、钾肥配合施用。均匀灌水,切勿大水漫灌,雨后及时排水。加强田间管理,收后及时彻底清除田间残体,并深翻土壤。

(2)药剂防治　病害初期进行药剂防治,可用药剂主要有:75%百菌清可湿性粉剂 600 倍液、64%噁霜·锰锌可湿性粉剂

500 倍液、50%异菌·福美双可湿性粉剂 1 000 倍液、68%异菌·福美双 500 倍液、70%甲基硫菌灵可湿性粉剂 800 倍液、72.2%霜霉威水剂 600 倍液、78%波尔·锰锌(科博)可湿性粉剂 500 倍液、56%霜霉清可湿性粉剂 700 倍液、69%烯酰·锰锌可湿性粉剂 600 倍液、50%甲霜铜可湿性粉剂 600 倍液、90%乙膦铝可湿性粉剂 500 倍液、70%乙铝·锰锌可湿性粉剂 400 倍液、72%霜脲·锰锌(克露)可湿性粉剂 600~800 倍液、72%克抗灵可湿性粉剂 600 倍液、58%甲霜·锰锌可湿性粉剂 500 倍液。任选几种交替使用,以 45~60 千克/667 米^2 药液量喷雾防治,每 7 天 1 次,连续防治 2~3 次,可达到较好的防治效果。

22. 如何识别大白菜白锈病?

白菜白锈病是一种真菌性病害,在全国各地都有发生,尤其在长江流域发生较重。主要为害大白菜,小白菜,油菜发生也较重。一般田间病株率在 10%~20%,严重时病株率可达 50%以上,致 40%~60%的叶片染病,显著影响白菜产量和品质。

白锈病主要危害白菜叶片。发病初期在叶背面生稍隆起的白色近圆形至不规则形疱斑,即孢子堆,约 1~4 毫米,其表面略有光泽。有的一张叶片上疱斑多达几十个,成熟的疱斑表皮破裂,散出白色粉末状物,即病菌孢子囊。在叶正面发病初期显现黄绿色、边缘不明晰的不规则斑,有时交链孢菌在其上腐生,致病斑转呈黑色。严重时病叶两面都产生疱斑,叶片上病斑密布,表皮破裂后散出白色粉末状孢子囊,遍及整个叶片,短期内致病叶坏死。

种株的花梗和花器受害,致畸形弯曲肥大,即茎部、花梗表现促进性病状,患部肿胀、歪扭,花器膨大,花瓣呈绿叶变态,严重的表现为菜农俗称的"龙头拐",如与霜霉病一起并发"龙头拐"病状更为明显。其肉质茎也出现乳白色疱状斑,成为本病重要特征。

23. 大白菜白锈病的发病有何规律？

白锈病病菌菌丝无隔，蔓生于寄主细胞间，产生吸器侵入细胞内吸收营养。病菌可以菌丝体在病残体组织或种株越冬，也可以卵孢子在土壤中越冬或越夏。初春卵孢子萌发长出芽管或产生孢子囊及游动孢子，侵入寄主引起初侵染，发病后病部产生孢子囊和游动孢子，通过气流或雨水传播蔓延，进行再侵染，晚秋在病组织内产生卵孢子越冬。

低温高湿是该病发生的重要条件，0℃～25℃时病菌孢子均可萌发，侵入寄主最适温度为18℃，潜育期7～10天。在温暖地区，寄主全年存在，病菌以孢子囊借气流传播，在田间寄主上辗转传播危害，完成病害周年循环，越冬期并不明显。因此，该病多在纬度或海拔较高的地区和低温年份发病重，如内蒙古、吉林、云南等地此病有上升趋势，在广东一带如遇冬春寒雨天气，本病为害有时也很严重。在这些地区如低温多雨，昼夜温差大、露水重，连作或偏施氮肥，植株过密，通风不好及地势低、排水不良田块发病严重。

24. 怎样防治大白菜白锈病？

(1)加强栽培管理　大白菜收获后，清除病残体后深耕，促进病残体腐烂分解，减少越冬菌源。与非十字花科蔬菜实行隔年轮作。合理密植，雨后及时排除田间积水，降低田间湿度。增施有机肥和追肥，增强植株抗病力。

(2)选用无病种子　播种前用种子重量0.4%的50%福美双可湿性粉剂或75%百菌清可湿性粉剂拌种。

(3)药剂防治　对大白菜白锈病，发病初期开始进行药剂防治。可用40%乙膦铝可湿性粉剂200～300倍液，或80%乙膦铝可湿性粉剂500倍液，或25%甲霜灵可湿性粉剂剂800倍液，或50%甲霜铜可湿性粉剂600倍液，或58%甲霜灵·锰锌可湿性粉

剂 500 倍液,或 64% 噁霜・锰锌可湿性粉剂 500 倍液,或 65.5%
霜霉威水剂、72% 霜脲・锰锌可湿性粉剂各 700 倍液,或 69% 安
克锰锌可湿性粉剂与 75% 百菌清可湿性粉剂(1∶1)1 000 倍液,
也可用 72% 霜脲锰锌可湿性粉剂或 69% 烯酰吗啉可湿性粉剂
600～800 倍液,还可用 50% 复方多菌灵胶悬剂 500 倍液,一般施
用的药液量 45～60 千克/667 米^2。以上药剂交替使用,每隔 10～
15 天喷 1 次,连续 2～3 次。

25. 如何识别大白菜白粉病?

大白菜白粉病属真菌性病害,全国各地都有发生,一般情况下
发病较轻,对生产无明显影响。但严重发病时,可使大白菜叶片枯
死,影响产量,还危害小白菜、油菜、甘蓝类、芥菜类等蔬菜。

白粉病主要危害叶片、茎、花器及种荚,产生白粉状霉层,即分
生孢子梗和分生孢子,初为近圆形放射状粉斑,后布满各部。叶面
初现褪绿黄斑,不定形,分界不明显;相应的叶背出现不定形白色
霉斑,边缘界限亦不明显。随着病情的发展,病斑数目增多和扩
大,并互相连合成斑块,斑面粉状物病症(分孢梗及分生孢子)越来
越明显,严重时覆盖叶片大部分甚至全部,外观像被撒上一薄层面
粉。发病轻的,病变不明显,仅荚果略有变形;发病重的造成叶片
褪绿黄化早枯,采种株枯死,种子瘦瘪。

26. 大白菜白粉病的发病有何规律?

白粉病菌是专性寄生菌,可在活的寄主体内吸取营养,以菌丝
体在十字花科蔬菜上越冬,又可以以休眠的闭囊壳随病残体在田
间土壤里越冬,成为翌年初侵染源。全年种植十字花科蔬菜地区,
白粉病菌则以菌丝或分生孢子在十字花科蔬菜上辗转危害。北方
则主要以闭囊壳随病残体越冬,翌年气温转暖,环境条件适宜时,
越冬后的闭囊壳释放子囊孢子,或以菌丝体上产生的分生孢子侵

入寄主,造成初次侵染,引起发病。子囊孢子或分生孢子借气流传播。孢子萌发后产出侵染丝直接侵入寄主表皮,菌丝体匍匐于寄主叶面不断伸长蔓延,迅速流行。病菌最适宜的温度为 20℃～25℃,高于 30℃ 或低于 10℃ 不利于病原菌生活,所以在温暖湿润年份白粉病发生较重。田间湿度大,温度为 16℃～24℃ 时,白粉病较易流行;种植密度大、空气流通部不畅的地块易发生;栽培粗放、氮肥施用过多、光照不足也有利于白粉病的流行。

27. 怎样防治大白菜白粉病?

(1)选用抗病品种 一般说来,抗霜霉病的品种抗白粉病,可选用津绿 75、北京新 2 号、北京 80、北京 106、晋菜 3 号,丰抗 70,烟白 1 号,山东 4 号、鲁白 6 号,青杂 3 号,龙白 1 号,秦白 2 号、小青口,小杂 55、小杂 60、小杂 65,绿宝,天津青 9 号、拧心青等品种;普通白菜中南农矮脚黄,60 天特青菜心及广州 29 菜心和迟菜心 2 号等品种。

(2)土壤消毒 以每 667 平方米 70～120 千克用量撒上石灰,用机器翻地,消毒一段时间后播种白菜。

(3)合理施肥 在培育壮苗的基础上,施足底肥。每 667 平方米施用 5 000 千克腐熟有机肥,50～80 千克复合肥。定植后适当增施磷钾肥,避免偏施氮肥,注意喷施叶面营养剂,增强植株抵抗力。

(4)生物防治 选用 2% 抗霉菌素 120 水剂 100～200 倍液,或 2% 武夷菌素水剂 150～200 倍液,或 3% 多抗霉素可湿性粉剂 600～900 倍液喷施,每 667 平方米使用 60 千克药液,隔 5～7 天喷施 1 次,连续 2～3 次。

(5)化学防治 发病初期喷施化学药剂进行防治。可选用的化学药剂主要有:25% 三唑酮可湿性粉剂、20% 三唑酮乳油 2 000～2 500 倍液、30% 固体石硫合剂 250 倍液、40% 多·硫悬浮剂 600 倍液、33％多·酮(粉霉净)可湿性粉剂 1 000 倍液、40％氟硅唑(福星)乳油 8 000～10 000 倍液、12％松脂酸铜乳油 500 倍液或 40％双胍三辛烷基苯磺酸盐(百可得)可湿性粉剂 100 倍液。每隔 7～10 天 1 次,连续喷施 2～3 次。

28. 如何识别大白菜立枯病?

大白菜立枯病是一种真菌性病害,在各地发生普遍,主要危害幼苗,病株率一般在 10％～30％,发病重时病可达 80％以上,幼苗发病时会导致成片死亡。该病多在苗期发生,成株期亦可发病,主要侵染根茎部和基部叶片。幼苗受侵染后,茎基部或根部出现圆形或近圆形褐色病斑,病斑上下左右扩展,细成线状,上部叶片逐步发黄,干枯死亡。发病初期,病苗皮层变色腐烂,地上部分中午萎蔫,晚上和清晨可以恢复。严重时病斑可扩展到整个茎基部,绕茎一周,引起嫩茎基部收缩,根部随之腐烂,幼苗地上部分直立枯死。空气潮湿,病部表面产生灰褐色蛛丝状菌丝。

29. 大白菜立枯病的发病有何规律?

大白菜立枯病一般发生在 7～8 月份,病菌以菌核或厚垣孢子在土壤中休眠越冬和存活,在无寄主的条件下最长可存活 140 天以上。翌年地温高于 10℃开始发芽,进入腐生阶段,白菜播种后遇有适宜发病条件,病菌从根部的气孔、伤口或表皮直接侵入,引起发病。随后病部长出菌丝继续向四周扩展,也有的形成子实体,产生担孢子在夜间飞散,落到植株叶片上以后,产生病斑。病菌可通过雨水、灌溉水、肥料或种子传播蔓延。田间主要以叶片、根茎接触病土染病传播,潮湿时,病健部接触亦可传播。此外,种子、农具和带菌的肥料都可传播此病。

病菌生长适应温度范围较广,6℃～40℃均可生长,适温为 20℃～30℃,以 25℃～30℃时生长最快。地温 11℃～30℃可侵染。病菌侵入需要保持一定的湿度,在90%以上的高湿条件下菌核极易萌发。田间发病与寄主抗性有关,不利于植株生长的土壤湿度会加重植株的病情,土壤温度过高过低、土质黏重、潮湿等均有利于病害发生。所以,白菜立枯病在高温、连阴雨天气多、光照不足、幼苗抗性差或反季节栽培易发病。

30. 怎样防治大白菜立枯病?

(1)农业防治 实施轮作,与非十字花科作物轮作或水旱轮作。选用抗病品种并适期播种,播种后遇连续高温要应及时浇水降温,控制该病发生。正确选择播期,根据当地气候因地制宜确定适宜播种期,不宜过早播种。在南方大白菜地不要用带有纹枯病的稻草作覆盖物,也不宜将纹枯病重的稻田改种大白菜。

(2)进行种子处理 种子进行消毒处理或包衣处理。可用种子重量0.3%的45%噻菌灵(特克多)悬浮剂黏附在种子表面后,再拌少量细土后播种。也可将种子湿润后用干种子重量0.3%的75%萎锈·福美双(卫福)可湿性粉剂或40%拌种双可湿性粉剂,或50%甲基立枯磷(利克菌)可湿性粉剂,或70%恶霉灵(土菌消)可湿性粉剂拌种。

(3)化学防治

①拌种剂 播种前选用拌种剂拌种。用种子重量与药剂比为500∶1的40%的拌种双或用50%的异菌脲可湿性粉剂,或75%的百菌清可湿性粉剂以250∶1的比例拌种。

②喷施药剂 在发病初期立即喷施药剂进行防治。可选用的药剂有:70%敌磺钠(敌克松)可湿性粉剂600~800倍液、20%甲基立枯磷乳油1 200倍液、10%恶霉灵(立枯灵)水剂300倍液、15%恶霉灵水剂450倍液、98%恶霉灵可湿性粉剂3 000倍液、64%恶霜·锰锌可湿性粉剂600倍液、72%霜霉威水剂600倍液、50%多菌灵可湿性粉剂600倍液、69%烯酰吗啉可湿性粉剂3 000

倍、80%代森锰锌可湿性粉剂 600～800 倍、50%异菌脲可湿性粉剂 1 000 倍液等,一般以 45 千克/667 米^2 的药液量喷施,每 7～10 天喷雾 1 次,连续 2～3 次。

当猝倒病混合发病时,可用 72.2%霜霉威盐酸盐水剂 800 倍液加 50%福美双可湿性粉剂 800 倍液混合喷施,施用药液量 45 千克/667 米^2,隔 7～10 天喷雾 1 次,连续 2～3 次。此外,也可用 5%的井冈霉素水剂 1 500 倍或 1.5%多抗霉素可湿性粉剂 200 倍液喷施,以 60 千克/667 米^2 的剂量喷施 2～3 次。

31. 如何识别大白菜灰霉病?

大白菜灰霉病属真菌性病害,在全国各地均有发生,主要在棚室中或贮藏期发生,发病重时严重影响大白菜产量和品质。该主要危害叶片及花序。病部变淡褐色,稍软化,后逐渐腐烂。湿度大时,患部出现灰色霉状物病征(病菌分孢梗及分生孢子)。该病在大白菜贮藏期可继续发生危害,在干燥条件下,患部灰霉不长或不明显,也不散发恶臭,有别于细菌性软腐病。

32. 大白菜灰霉病的发病有何规律?

病菌主要以菌核在土壤中越冬,或以菌丝体和分生孢子在病残体上越冬。病菌以分子孢子作为初侵染与再侵染接种体,借助风雨或农事操作传播,从伤口侵入致病。本病菌属弱寄生菌,喜低温、高湿、弱光条件,阴雨连绵或冷凉高湿的天气有利于发病,植株长势衰弱者往往病势明显加重。通常过度密植,施氮过多或不足,灌水过勤过多,棚室通透不良,贮藏窖内湿度过大等情况,皆易诱发病害。

33. 怎样防治大白菜灰霉病?

(1)农业防治　加强栽培管理,合理密植,适时灌溉,防止田间湿度过大;施足底肥,增施磷钾肥,避免偏施氮肥,提高植株抗病力;发现病株及时拔除,收获后清除病残体,减少翌年发病。加强窖藏管理,注意窖内卫生,及时清出发病大白菜,减少再传染;窖温宜控制在 0℃～5℃,防止持续高湿。

(2)药剂防治 发病初期可选用 50%乙烯菌核利可湿性粉剂 1 000～1 500 倍液,或 50%异菌脲可湿性粉剂 1 400～1 500 倍液,或 50%腐霉利可湿性粉剂 1 500～2 000 倍液,或 50%乙霉·多菌灵(多霉灵)可湿性粉剂 800～900 倍液、50%异菌·福美双(灭霉灵)可湿性粉剂 800～900 倍液,以 45～60 千克/667 米^2 剂量施用,每隔 7～10 天喷 1 次,连续 2～3 次。

34. 如何识别大白菜猝倒病?

大白菜猝倒病是一种真菌病害,全国各地都有发生。主要发生在大白菜幼苗期,对生产造成较大影响。主要危害大白菜、小白菜、青菜(油菜),此外还危害菜薹、菜心等十字花科蔬菜。该病主要在幼苗长出 1～2 片叶时发生,在茎基部近地面处产生水渍状斑,后缢缩,病苗折倒或萎蔫,湿度大时病部或病菌附近土面产生白色絮状物。

35. 白菜猝倒病的发病有何规律?

引起的猝倒病病菌为腐霉菌以卵孢子在 12～18 厘米表土层越冬,并在土中长期存活。翌年春季,遇有适宜条件萌发产生孢子囊,以游动孢子或直接长出芽管侵入寄主。此外,在土中营腐生生活的菌丝也可产生孢子囊,以游动孢子侵染幼苗引起猝倒。田间的再侵染主要靠病苗上产出孢子囊及游动孢子,借灌溉水或雨水溅附到贴近地面的根茎上引起发病。若病菌由带菌种子传播的,种子发芽后引致幼苗染病,一般本田期不产生明显的症状,但种子上的病菌可在植株上增殖或群集,引起白菜等十字花科蔬菜生长后期或采种株暴发严重的病害。

病菌生长适宜地温 15℃~16℃,温度高于 30℃受到抑制;低温对寄主生长不利,但病菌尚能活动,尤其是育苗期出现低温、高湿条件,利于发病。当幼苗子叶养分基本用完,新根尚未扎实之前是感病期。这时真叶未抽出,碳水化合物不能迅速增加,抗病力弱,遇有雨、雪连阴天或寒流侵袭,地温低,光合作用弱,幼苗呼吸作用增强,消耗加大,致幼茎细胞伸长,细胞壁变薄病菌乘机侵入。因此,该病主要在幼苗长出 1~2 片叶发生。

该病发生情况与苗床小气候关系密切,其中主要是湿度、苗床低洼、播种过密不通风、浇水过量床土湿度大、苗床过热易发病。反季节栽培或夏季苗床遇有低温高湿天气或时晴时雨发病重。南方气温高、雨量多的地区或反季节栽培该病易流行。

36. 怎样防治大白菜猝倒病?

(1)种子处理　精选种子,播前晒种,提高发芽率、发芽势。该病许多情况下是由带菌种子传播的,所以,在播种前进行种子消毒处理是非常必要的。用 0.2% 的 40% 拌种双粉剂拌种,或用 0.2%~0.3% 的 75% 百菌清可湿性粉剂、70%代森锰锌干悬粉剂、60%防霉宝(多菌灵盐酸盐)超微可湿性粉剂拌种处理。对瓜果腐霉(P. aphanidermatum)嗜高温菌引起猝倒病为主的地区,可用 0.2% 的 40% 拌种双粉剂拌种处理。对甘蓝链格孢菌(A. brassicicola)引起的猝倒病,提倡用 0.2%~0.3% 的 75%百菌清可湿性粉剂、或 70%代森锰锌干悬粉剂、或 60%防霉宝(多菌灵盐酸盐)超微可湿性粉剂拌种,防效优于土壤处理或浇灌。

(2)土壤消毒处理　播种前进行土壤消毒处理,育苗移栽时做新床或进行苗床土消毒。具体方法:每平方米苗床施用 50%拌种双粉剂 7 克,或 40%五氯硝基苯粉剂 9 克,或 25%甲霜灵可湿性粉剂 9 克加 70%代森锰锌可湿性粉剂 1 克对细土 4~5 千克拌匀,施药前先把苗床底水打好,且一次浇透,一般 17～20 厘米深,水渗下后,取 1/3 充分拌匀的药土撒在畦面上,播种后再把其余 2/3 药土覆盖在种子上面,即上覆下垫。如覆土厚度不够可补撒堰土使其达到适宜厚度,这样种子夹在药土中间,防效明显,药效可达 1 个多月。

(3)培育壮苗,防止猝倒病 播种后应盖层营养土,浇足水后盖膜保温、保湿,出苗后喷施 0.2%～0.3%的磷酸二氢钾 2～3 次,增强抗病力,必要时可喷洒 25%甲霜灵可湿性粉剂 800 倍液。直播时应采取高畦栽培,密度适宜,施足腐熟粪肥,精细播种,早间苗。

(4)田间管理 科学灌水,雨后及时排水,降低田间湿度。一旦发病,及时拔除病苗并清除邻近病土。

(5)药剂防治 可用 72.2%霜霉威盐酸盐可湿性粉剂 500 倍液、30%恶霉灵可湿性粉剂 800 倍液、64%噁霜·锰锌可湿性粉剂 600～800 倍液、70%甲基硫菌灵可湿性粉剂 1 000 倍液、50%多菌灵可湿性粉剂 800 倍液、金甲霜·锰锌水分散剂 600～800 倍液、5%井岗霉素水剂 1 500 倍液或 25%苗菌清悬浮剂 1 500～2 000 倍液喷施处理,施用剂量 45 千克/667 米^2,每隔 7～10 天施用 1 次,连续施用 2～3 次。必要时还可用 69%烯酰·锰锌可湿性粉剂 900 倍液进行浇灌,每蔸 0.3～0.5 升药液。

37. 如何识别大白菜萎蔫病?

大白菜萎蔫病是生产上的一种重要真菌病害,苗期即可发生,一般从 6～7 叶期开始发病。定苗或栽植后生长缓慢,叶片褪绿,导致整株叶片萎蔫,似缺水状。病株须根少,剖开主根维管束变褐,莲座后期到包心初期叶片开始黄化,进入包心中期,老叶叶脉间褪色变黄,叶脉四周多保持深绿色,后叶缘失水皱缩且向内卷曲,使植株呈萎缩状态。病株根系短而少,发病严重时呈水渍状腐烂,易拔起,横切短缩茎基,切面呈淡褐色腐烂,没有恶臭味,以区别软腐病。

38. 大白菜萎蔫病的发病有何规律?

该病原菌在土壤中生存,遇有干旱的年份,土壤温度过高,或持续时间过长,致分布在耕作层的根系造成灼伤,次生根延伸缓慢,不仅影响幼苗水分吸收,还会使根逐渐木栓化而引致发病。

39. 怎样防治大白菜萎蔫病?

(1)农业防治　因地制宜,选用抗病品种。轮作换茬,避免连作。根据气候条件,适期播种,一般不要过早,尽量躲过高温干旱季节。高畦栽培,除干旱缺水和盐碱地外,均应采用高畦栽培,畦高 5~10 厘米。加强田间管理,防止苗期土壤过旱,地温过高,遇有苗期干旱年份,地温过高宜勤浇水降温,确保根系正常发育。小水轻浇,避免大水漫灌,雨后及时排水。增施磷钾肥,实行配方施肥,增强抗病能力。采用直播方式,避免移栽造成的伤口病菌侵染。

(2)药剂防治　发病初期用 40%多菌灵·硫磺悬浮剂 600~700 倍液,或 50%甲基硫菌灵可湿性粉剂 500 倍液,或 50%复方硫菌灵悬浮剂 500 倍液,或 75%百菌清可湿性粉剂 600 倍液,或 60%噁霜·锰锌可湿性粉剂 500 倍液,或 72.2%霜霉威盐酸盐水剂 600~800 倍液。以每 667 平方米 45~60 千克药液使用,每隔 10 天左右 1 次,防治1~2 次。对于重病地块,可用 69%烯酰·锰锌可湿性粉剂 900 倍液灌根,每株 75~100 毫升。

40. 如何识别大白菜黑胫病?

白菜黑胫病可危害大白菜茎、根、种荚和叶片。幼苗发病在子叶和真叶上出现淡褐色病斑,渐变为灰白色;病茎上出现长形微凹陷的病斑,病斑的边缘为紫色。发病重时引起幼苗枯萎死亡。成株茎上病斑为长条形,略凹陷,边缘紫色,中间褐色,病斑着生黑色小粒点;田间发生在莲座期,典型症状是外叶出现近圆形或长圆形病斑,初为暗褐色,后渐呈灰白色,病斑稍凹陷,外缘有紫色晕圈,上生黑色小点,剖开病根,维管束变黑,病株的根和短缩茎中空枯朽,常由此部位折断或不待成熟即死亡;种株染病后茎内呈黑褐色干腐,结实不良;贮藏期也可染病,病菌可引起叶片干腐。

41. 大白菜黑胫病发病有何规律?

病原以菌丝体在种子、土壤、病残体或是十字花科蔬菜种株及杂草上越冬。病菌在种子内能存活 3 年以上,在土壤中能存活2～3 年。翌年气温 20℃产生分生孢子,在田间主要靠雨水、灌溉水和昆虫传播蔓延。播种带病的种子,出苗时病菌直接侵染子叶而发病,后蔓延到幼茎,病菌从薄壁组织进入维管束中蔓延,致维管束变黑。

此外,下面几个因素会导致该病易发生:①白菜种植密度大,株、行间郁敝,通风透光不好,发病重,而氮肥施用过多导致生长过嫩或是肥力不足生长不良,会引起抗性降低易发病。②土壤黏重、偏酸,多年重茬,田间病残体多,耕作粗放、杂草丛生的田块,植株抗性降低、发病重。③种子带菌、肥料未充分腐熟、有机肥带菌或肥料中混有本科作物病残体的易发病。④地势低洼积水、排水不良、土壤潮湿易发病,特别是育苗期湿度大发病重,定植后天气潮湿多雨或雨后高温,该病易流行。早春多雨或梅雨季节早来,或是秋季多雨、多雾、重露或寒流来早时易发病。

42. 怎样防治大白菜黑胫病?

(1)农业防治　选用地势较高田块,进行深沟高畦栽培。播种或移栽前,清除田间及四周杂草,集中烧毁或沤肥;深翻地灭茬,促使病残体分解,减少病源和虫源。有机肥要充分腐熟,不得混有上茬本作物残体。选用抗病、包衣的种子,如未包衣时则用拌种剂或浸种剂灭菌。播种后用药土做覆盖土,移栽前喷施一次除虫灭菌剂,这是防治病虫的重要措施。培育无病苗、同时移栽时注意淘汰病苗。合理密植,发病时及时清除病叶、病株,并带出田外烧毁,病穴施药或生石灰。实施轮作,可与非禾本科作物轮作,水旱轮作最好。高温干旱时应科学灌水,以提高田间湿度,减轻蚜虫、灰飞虱危害与传播。严谨连续灌水和大水漫灌。

(2)药剂防治

①种子消毒　用种子重量 0.4% 的 50% 丁戊己二元酸铜(琥胶肥酸铜)可湿性粉剂或 50% 福美双可湿性粉剂粉剂拌种。

②苗床消毒　苗床用 40% 拌种灵粉剂 8 克/米^2 与 40% 福美双可湿性粉剂等量混合后拌入 40 千克细土,配成药土,将 1/3 药土撒在畦面上,播种后将其余部药土覆盖在种子上。

③发病初期及时喷药　可选用 60% 多·福可湿性粉剂 600 倍液,或 40% 多菌灵·硫磺悬浮剂 500～600 倍液,或 70% 百菌清可湿性粉剂 600 倍液,或 50% 腐霉利可湿性粉剂 1 000 倍液、或 72% 农用链霉素或新植霉素可湿性粉剂 4 000 倍液、或 50% 敌枯双可湿性粉剂 1 000 倍液、或 70% 敌磺钠可湿性粉剂 500～1 000 倍液,或 47% 春雷·王铜(加瑞农)可湿性粉剂 800～1 000 倍液,或 20% 噻菌铜悬浮剂 500～600 倍液,或 50% 多菌灵可湿性粉剂 500～800 倍液,或 70% 甲基硫菌灵可湿性粉剂 800～1 000 倍液,每 667 平方米施用 45～60 千克药液,隔 7～10 天喷施 1 次,连续 2～3 次。且不同药剂交替使用,避免产生抗药性。

43. 如何识别大白菜褐腐病?

褐腐病是大白菜生产上一种主要病害,棚室和露地都有发病,对生产造成较大影响。还侵染甘蓝、黄瓜、菜豆、葱、莴苣、茼蒿及茄科蔬菜,引起立枯或丝核菌猝倒病。

该病主要危害菜株外叶,接近地面的菜帮发病,一般在幼苗嫩茎基部侵入,病部形成溢缩,呈淡褐色,严重者枯死成立枯或猝倒状,继后危害叶柄外侧近地表处。开始产生淡褐色至褐色斑点,逐渐扩大成不规则形病斑,稍向内凹陷,暗褐色。发病严重时叶柄基部腐烂,造成叶片黄枯、脱落。条件适宜时,病菌增长迅速,叶柄基部腐烂,叶片枯黄,易脱落,潮湿天气,病部生出黄褐色蛛形菌丝体和疏松的菌核。湿度大时,病斑出现淡褐色蛛网状菌丝及菌核。

44. 大白菜褐腐病的发病有何规律?

白菜褐腐病病原立枯丝核菌,初生菌丝无色,后变黄褐色,具隔。病菌喜高温、高湿条件,发病适温 24℃～25℃。病菌生长发育适温 28℃～32℃,最高 40℃～42℃,最低 13℃～15℃。菌核在27℃～30℃及足够湿度条件下,1～2 天即萌发,产出菌丝,6～10天后又形成新菌核。菜地积水或湿度过大,栽植过深,培土过多过湿、通透性差,施用未充分腐熟的有机肥,易导致该病流行。

白菜褐腐病是一种土壤病害。病原主要以菌核随病残体在土中越冬。可在土壤中营腐生生活,存活 2～3 年。菌核萌发后产生菌丝,与白菜接触后,病菌直接穿透表皮侵入,引起发病。病菌主要借雨水、灌溉水、农具及带菌肥传播。

45. 怎样防治大白菜褐腐病?

(1)农业防治 选择抗病品种。进行种子消毒,用 0.1%～0.3%高锰酸钾消毒处理,或用种子量 0.4%的 50%异菌脲、70%甲基硫菌灵可湿性粉剂、50%利克菌可湿性粉剂拌种。加强田间管理,选择地势平坦、排水良好地块种植白菜。充分整地,施足充分腐熟的粪肥,增施磷、钾肥。初见病株,及时摘除近地面的病叶,携出田外深埋或销毁。

(2)药剂防治　种子消毒可用0.1%～0.3%高锰酸钾溶液消毒处理,或用种子量0.4%的50%异菌脲可湿性粉剂,或70%甲基硫菌灵可湿性粉剂,或50%甲基立枯磷可湿性粉剂拌种。发病初期及时喷施14%络氨铜水剂400倍液,或40%混合氨基酸铜(双效)水剂500倍液,或70%甲基硫菌灵可湿性粉剂1 000倍液,或20%甲基立枯磷可湿性粉剂1 500倍液,或15%恶霉灵可湿性粉剂500倍液。每隔5～7天喷施1次,连喷2～3次。

46. 如何识别大白菜褐斑病?

该病主要危害大白菜叶片和叶帮。叶片病斑呈圆形或近圆形小斑点,水渍状,扩大后成为多角形或不规则浅黄白色斑,横径0.5～6毫米,浅黄白色,边缘有稍显突起的褐色环带。病斑多时,全叶或大半叶褐变甚至造成叶片变黄干枯。湿度大时,叶片呈水浸状腐烂,干燥后变白干枯。多从外叶开始发病,逐渐向内部扩展,病情扩展很快,几天内即可达到包心叶,生产上常成片腐烂或干枯。有的病斑受叶脉限制,稍凸起。

47. 大白菜褐斑病的发病有何规律?

病原菌在自然界分布很广,是土壤腐生菌,是一种机遇性病原。在田间,病菌以分生孢子作为初侵染与再侵染接种体,借风雨传播,从表皮侵入致病。病菌以菌丝体及分孢梗随病残体遗落在土中越冬,分生孢子也可黏附种子上,随种子调运而远距离传播。每当温暖多雨天气出现,病部则产生大量分生孢子,分生孢子可借气流传播,传播距离较远。

病菌发育适温为25℃～30℃,分生孢子发芽需有水滴存在,特别在高湿(相对湿98%～100%)或雨天萌发最佳。所以,温暖多雨的天气或植地低湿的栽培环境有利于发病。植地连作或与早熟白菜相邻的田块易发病。尤其以施过量氮肥的植株发病重。田间湿度高的黏土地或下湿地、背阴或排水不良地块发病重。若生长季节遇连阴雨天气或田间湿度大、气温高，病害扩展迅速，极易造成为害。

48. 怎样防治大白菜褐斑病？

(1)农业防治

①种子消毒　可用种子重量 0.3％的 40％多·酮可湿性粉剂，或 45％唑酮·福美双可湿性粉剂拌种，密封 48～72 小时后播种。并选用抗病品种。

②加强水肥管理　抓好以肥水为中心的栽培防病。施足底肥，及早追肥，避免偏施过施氮肥，适时喷施叶面营养剂，促进植株壮而不过旺，增强抵抗力；适时适度浇水，生长期既要防止缺水而诱发干烧心，又要避免漫灌，防止土壤过湿，雨后应及时清沟排渍。还应结合管理及时清除病叶，集中烧毁，以减少菌源。

③进行轮作　重病地与非十字花科蔬菜进行 2 年以上轮作。

④加强田间管理　选择地势平坦、土质肥沃、排水良好的地块种植。收后深翻土壤，加速病残体腐烂分解。高畦或高垄栽培，适期晚播，避开高温多雨季节，控制莲座期的水肥。

(2)化学防治　结合防治其他病害及早喷药预防控病。在植株进入包心期，最迟于发病始期，喷施 75％百菌清可湿性粉剂加 70％硫菌灵可湿性粉剂(1∶1)1 000～1 500 倍液，或 40％多·酮可湿性粉剂 1 000 倍液，或 45％唑酮·福美双可湿性粉剂 1 000 倍液，或 75％百菌清可湿性粉剂加 50％退菌特可湿性粉剂(1∶1)800～1 000 倍液，以每 667 平方米 45～60 千克药剂用量，喷施 2～3 次，隔 10～15 天 1 次，交替用药。

重发病初期，可用 70％甲基硫菌灵可湿性粉剂 700 倍液，或 40％多菌灵·硫磺(灭病威)悬浮剂 800 倍液，或 80％代森锰锌(大生)可湿性粉剂 800 倍液，或 50％异菌·福美双可湿性粉剂

1 000倍液,或 80％炭疽·福美可湿性粉剂 800 倍液,或 50％乙霉·多菌灵可湿性粉剂 1 000 倍液,或 40％增效甲霜灵可湿性粉剂 1 000 倍液等药剂喷雾,每 7 天 1 次,连续防治 2～3 次,每次每667 平方米 45～60 千克药剂。

49. 如何识别大白菜叶腐病?

大白菜叶腐病又称叶片腐烂病,在南方多雨的地区发生较重,小白菜也是重要寄主,还可危害水稻、花生、芋、茭白、大豆等。

该病主要危害叶片。被害叶初呈水烫状湿腐型病斑,后病斑扩大为不定形,早露未干,病部呈灰绿色,干燥时病部转呈灰白色,严重时叶片腐烂,仅残留主脉,有的叶柄或茎部也腐烂,在湿腐患部在患部可见蛛丝状菌丝体和由菌丝体纠结而成的白色绒球状菌丝团(幼嫩菌核)和棕褐色萝卜籽粒状的老熟菌核。蛛丝状物、白色绒球状物和萝卜籽粒状物皆为本病不同阶段表现的病征。也是区别于小白菜细菌软腐病的重要症状。

50. 大白菜叶腐病的发病有何规律?

病菌以菌丝体在病部或以菌核遗落土中越冬。翌年菌核萌发抽出菌丝进行初侵染,白菜发病后,病部上的菌丝借接触或攀缠作用向附近植株扩展,致田间病情不断蔓延扩大。

该病菌生长发育适温为 28℃～32℃,最高 38℃,最低 10℃,菌核在 27℃～30℃及足够湿度条件下,1～2 天即萌发,产出菌丝,6～10 天后又形成新菌核。

光照条件对菌核形成有刺激作用。天气湿闷或风雨频繁特别是台风或雨多的季节,或地势低洼及种植过密、偏施氮肥时发病重。前作稻纹枯病发生严重的田块或用带病稻秆作覆盖物,及偏施氮肥发病重。

51. 怎样防治大白菜叶腐病?

(1)农业防治 注意选地,避免在前茬水稻或大豆纹枯病发生严重的地块种植白菜,长出来的菜上不用病稻草覆盖,以减少菌源。加强肥水管理,喷施植宝素等生长促进剂促植株早生快发,注意勿偏施氮肥,并适度浇水,避免田间湿度过大,控制病害发展。发病时及时清除病叶、病株,并带出田外烧毁。

(2)生物防治 用3%多抗霉素可湿性粉剂600~900倍液,或5%井冈霉素水剂500~1 000倍液,或25%嘧菌酯(阿米西达)悬浮剂1 500倍液喷施,使用的药液量为45~60千克/667米²,每隔5~7天1次,连续2~4次。

(3)化学防治 发现中心病团,及时喷洒14%络氨铜水剂350倍液,因白菜类蔬菜对铜制剂敏感,要严格控制用药量,防止产生药害,炎热中午不宜喷施药液。还可用20%叶枯唑可湿性粉剂1 000倍液,或35%福·甲霜(立枯净)可湿性粉剂900倍液。施用量45~60千克/667米²,每隔7~10天喷1次,连续2~3次。

52. 如何识别大白菜菌核病?

菌核病是大白菜的主要病害之一,在我国各地均有发生,田间及贮藏期均可为害,特别是近年来,随着保护地的发展而发生越来越普遍,还危害小白菜、油菜、甘蓝、菜豆、番茄、辣椒、莴苣、胡萝卜、洋葱、菠菜和黄瓜等多种蔬菜。该病识别要点:一是病部常可见到有白色棉絮状菌丝体;二是内生有似鼠粪状的黑色菌核。

白菜幼苗期、成株期均可发病,但白菜以生长后期和采种期受害较重。白菜受害后,叶片上产生水渍状浅褐色的病斑,在潮湿条件下,病部迅速腐烂,并长有白色棉絮状菌丝体和黑色的菌核。遇干燥环境时,病部于枯呈穿孔状,也长有白色菌丝体和黑色菌核。采种株被害时,一般先从茎基部老叶和叶柄处发病,开始产生水渍状淡褐色的病斑,后来发展到茎部,先出现淡褐色稍凹陷的病斑,后变为白色,最终使病茎腐朽呈纤维状,茎腔中空,生有白色棉絮状的菌丝体和黑色菌核。轻者造成烂根,产量降低,重者茎部折断,植株枯死。花梗和种荚被害,病部呈白色,内生有呈黑色的细小菌核。

53. 大白菜菌核病的发病有何规律?

病菌以菌核遗留在土壤中或混在种子中越冬,混在种子中的菌核可随播种而进入菜田中,成为翌年初侵染源。土壤中的菌核在条件适宜时萌发,产生子囊盘,然后放射出子囊孢子,并随气流传播到寄主上,即从伤口或自然孔口侵入。田间又借农事操作,导致病健株接触进行再侵染。另外,也可通过被菌核病菌侵染的杂草(如马齿苋、灰藜等)再传播到蔬菜上。到生长后期,又形成菌核掉在土壤里或随种株混在种子中越冬,如此循环侵染。

菌核病是一种低温高湿病害,当气温在 20℃左右,相对湿度85%以上,有利于病菌的发育和侵入危害。但菌核病菌生长温度范围比较宽,0℃～35℃均能生长,适宜的温度为 16℃～20℃。相对湿度高于 85%时子囊孢子才能萌发,相对湿度达 93%以上时,发病严重。菌核在干燥的土壤中可存活 2 年以上,但长期浸在水中,在土中的菌核经过 1 个月即死亡。重茬地发病重,比如保护地由于轮作困难,因此发病一般比露地严重。此外,地势低洼、排水不良、偏施氮肥、植株徒长、种植过密、湿度过大等,均有利于菌核病的发生。

54. 怎样防治大白菜菌核病?

对菌核病的防治应采取农业措施为主,化学防治为辅的综合防治方法。

(1)农业防治 实施轮作,与禾本科作物隔年轮作,可使田间的菌核大量消亡。精选种子,清除混杂在种子间的菌核,可用种子消毒处理,应从健壮无病株上采种。播种前,用 10％食盐水或 20％硫酸铵溶液漂洗种子,漂去混杂在种子中的菌核及其他杂质,然后用清水洗净,晾干后播种。也可用 50％多菌灵可湿性粉剂拌种,用药量为种子重量的 0.3％～0.4％。及时清理病残体及衰老黄叶。进行合理施肥,合理密植,施用粪肥,避免偏施氮肥,增施磷、钾肥,提高植株抗病力。采用高垄栽培,雨后及时排水。采种株栽培应采用地膜覆盖,及时清除植株中下部老叶、病叶,改善田间通风透光条件,降低湿度。收获后深翻土壤,深翻深度 15 厘米以上把落于土壤表面的菌核深埋土中。加强中耕,锄去出土子囊壳。

(2)**药剂防治**　发病初期,施用化学药剂进行防治。可选择的药剂有 50％异菌脲可湿性粉剂 1 500 倍液,或 50％腐霉利可湿性粉剂 1 500～2 000 倍液,或 50％乙霉·多菌灵可湿性粉剂 800～900 倍液、50％异菌·福美双可湿性粉剂 800～900 倍液,或 70％甲基硫菌灵可湿性粉剂 1 000 倍液,或 50％硫菌灵可湿性粉剂 500 倍液,或 50％多菌灵可湿性粉剂 500 倍液,或 50％氯硝胺可湿性粉剂 1 000 倍液,或 40％多菌灵·硫磺(灭病威)悬浮剂 500 倍液,或 20％甲基立枯磷 1 000 倍液,或 40％菌核净可湿性粉剂 1 000 倍液,或 50％乙烯菌核利可湿性粉剂 1 000 倍液。每 667 平方米使用 45～60 千克,隔 7～10 天喷施 1 次,共 2～3 次,喷施时药液应着重喷在植株的茎基部、老叶和地面上。或者用 5％氯硝胺粉剂每 667 平方米 2～2.5 千克与细泥粉 15 千克配成药土,或 70％五氯硝基苯粉剂每 667 平方米 250 克混细泥粉 15 千克,均匀撒在行间地面上并覆土。

55. 如何识别大白菜假黑斑病?

大白菜假黑斑病在全国各白菜产区均有发生,近年有日趋严重之势,成为生产中的重要病害。还危害小白菜、菜薹及菜心等,该病主要危害叶片,衰弱叶片和种荚易发病。病斑圆形或近圆形,浅灰褐色,轮纹不大明显,湿度大时病斑上生有灰黑色霉层,即病菌分生孢子梗和分生孢子。严重时病斑互相融合,致叶片干枯,常与黑斑病混合发生。

56. 大白菜假黑斑病的发病有何规律?

病原在留种母株、种子、病残体上或在土壤中越冬,成为翌年初侵染源,分生孢子借气流传播蔓延,形成再侵染,使该病周而复始传播蔓延开来。该菌在10℃~35℃条件下均能生长发育,但它常喜欢较低的温度。适温为17℃,最适酸碱度为pH6.6,病菌在水中存活1个月,在土中存活3个月,在土表可存活1年,一般在白菜生长中后期或反季节栽培时遇连阴雨天气,易发生和流行而成为白菜生产中的重要病害。

一般说来,连作地、前茬病重、土壤存菌多;或地势低洼积水,排水不良;或土质黏重,土壤偏酸。氮肥施用过多,植株生长过嫩。栽培过密,株、行间郁敝,通风透光差。种子带菌、育苗用的营养土带菌、有机肥没有充分腐熟或带菌。早春多雨或梅雨季节早来、气候温暖空气湿度大;秋季多雨、多雾、重露或寒流来早时易发病。棚室栽培的,往往为了保温而不放风排湿,引起湿度过大的易发病。

57. 怎样防治大白菜假黑斑病?

(1)轮作 选用抗病品种,培育健壮苗。与非十字花科作物实行3年以上轮作。

(2)进行种子消毒 选用抗病、无病、包衣的种子,如未包衣则种子须用拌种剂或浸种剂灭菌。或从无病株上选留种子,采用50℃温水浸种20分钟或对种子进行包衣处理或拌种处理,如用种子重量 0.4％的 50％丁戊己二元酸铜（琥胶肥酸铜）可湿性粉剂，或 50％福美双可湿性粉剂粉剂，或 75％百菌清可湿性粉剂拌种。

(3)清园　播种或移栽前及收获后，及时清除田间病残体及四周杂草，集中烧毁或沤肥；深翻地灭茬，促使病残体分解，减少病源和虫源。发现发病株时及时清除病叶、病株，并带出田外烧毁，病穴施药或生石灰。

(4)增施有机肥　施用酵素菌沤制的堆肥或腐熟的有机肥，不用带菌肥料；采用测土配方施肥技术，适当增施磷钾肥，加强田间管理，培育壮苗，增强植株抗病力，有利于减轻病害。

(5)科学灌水　选用排灌方便的田块，开好排水沟，降低地下水位，达到雨停无积水；大雨过后及时清理沟系，防止湿气滞留，降低田间湿度，这是防病的重要措施。高温干旱时应科学灌水，以提高田间湿度，减轻蚜虫、灰飞虱危害与传毒。严禁连续灌水和大水漫灌。浇水时防止水滴溅起，是防止该病的重要措施。

(6)覆盖药土　土壤病菌多或地下害虫严重的田块，在播种前撒施或沟施灭菌杀虫的药土。地膜覆盖栽培，可防治土中病菌危害地上部植株。育苗移栽或播种后用药土覆盖，移栽前喷施一次除虫灭菌药剂，这是防病的关键。

(7)药剂防治　播前每平方米苗床用 40％拌种灵粉剂 8 克与 40％福美双可湿性粉剂等量混合拌入 40 千克堰土，将 1/3 药土撒在畦面上，播种后再把其余 2/3 药土覆在种子上。发病初期喷 75％百菌清可湿性粉剂 500～600 倍液，或 64％噁霜·锰锌可湿性粉剂 500 倍液，或 70％代森锰锌可湿性粉剂 500 倍液，或 58％甲霜·锰锌可湿性粉剂 500 倍液，或 50％异菌脲可湿性粉剂或其复配剂 1 000 倍液，或 40％灭菌丹可湿性粉剂 400 倍液，或 60％多·福可湿性粉剂 600 倍液，或 40％多菌灵·硫磺悬浮剂 500～600 倍液。

在假黑斑病与霜霉病混发时，可选用 70％乙铝·锰锌可湿性粉剂 500 倍液,或 60％琥·乙膦铝(DTM)可湿性粉剂 500 倍液,或 72％霜脲锰锌(克抗灵)可湿性粉剂 800 倍液,或 69％烯酰·锰锌可湿性粉剂 1000 倍液。使用剂量每 667 平方米 45～60 千克药液,每隔 7～10 天喷 1 次,连续 2～3 次。采收前 7 天停止用药。同时注意及时防治地下害虫。

58. 如何识别大白菜黄叶病?

大白菜黄叶病在全国各地均有发生,有的年份陕西、湖北、四川等地或反季节栽培发病重,成为大白菜生产上的重要病害。

该病幼苗期叶片症状不明显,生长至 2～4 叶期病菌由根系侵染,植株生长缓慢,拔起病株,须根少,剖开主根系维管束变褐,生长至包心期后变黑。莲座期开始叶片突现缺水症状,白天萎蔫夜间恢复,到包心期叶脉变褐色,整株叶片因失水向内皱缩卷曲,最终导致整株黄化或枯死。形成商品价值的白菜收获时叶片皱缩单株重降低,主根系不完整且维管束变褐黑色,贮存时间变短。

59. 大白菜黄叶病的发病有何规律?

病菌在土壤中生存,遇有干旱的年份土壤温度过高或持续时间过长,导致分布在耕作层的根系造成灼伤,次生根延伸缓慢,不仅影响幼苗水分吸收,还会使根逐渐木栓化从而引发病菌乘机侵染。

播种期早发病率高,据调查,8 月 10～20 日之间播种的白菜发病率高达 80.2％,8 月 20～25 日之间播种的白菜发病率仅 10.5％。

不同品种间的发病率有极大差异。耐热抗病型白菜品种87～114 发病率 13.5％,较普通型白菜品种胶白 8 号和鲁白 3 号的发病率 78.6％和 75.2％低 60 多个百分点。地块休闲期长发病率低。前茬作物为土豆或小麦的地块空闲期长,发病率明显低于前茬作物为春玉米等收获后立即播种白菜的地块。

60. 怎样防治大白菜黄叶病?

白菜黄叶病的发生主要由根系受损导致病菌逐步侵染根系引起,生产上应以农业防治为主,药剂防治为辅。

(1)选用耐热抗病品种 如胶白8号、吉研3号等抗病品种。

(2)适期播种 选择休闲期至少1个月的地块,一般不要过早播种,尽量躲过高温干旱季节。

(3)加强田间管理 平整地面,蹲苗适度,改变蹲"满月"习惯,防止苗期土壤干旱,遇有苗期干旱年份地温过高宜勤浇水降温,防止根系受伤,杜绝病原菌入侵的途径。

(4)药剂防治 药剂防治坚持早字当头,发现病株后及时用真菌杀菌剂。如用70%甲基硫菌灵可湿性粉剂800倍液,或64%噁霜·锰锌可湿性粉剂600倍液等,对植株进行灌根和叶面喷雾,以每667平方米45~65千克药液喷施,均能收到良好效果。隔7天左右1次,防治2~3次。

(5)施用生物菌肥,增强抗病性 用光合细菌菌肥稀释300~500倍液,喷叶2~3次,以增强植株的抗病抗逆能力,达到防治效果。

61. 如何识别大白菜软腐病?

软腐病俗称烂疙瘩、烂葫芦、水烂,属细菌性病害,主要危害大白菜、小白菜、白菜型油菜等,对大白菜的危害最大,与病毒病、霜霉病并称为大白菜的三大病害。

大白菜软腐病危害期长,在莲座期及包心期较为严重,在田间、贮运和运输期间均易发病。在田间发病,多从包心期开始。起初植株外围叶片在烈日下表现萎垂,但早晚仍能恢复。随着病情的发展,这些外叶不再恢复,露出叶球,发病严重的植株结球小,叶柄基部和根茎处心髓组织完全腐烂,充满灰黄色黏稠物,臭气四溢,用脚踢易脱落,菜株腐烂,有的从根髓或叶柄基部向上发展蔓延,引起全株腐烂,俗称基腐型。有的植株从顶部向下或从基部向上腐烂,病菌由菜帮基部伤口侵人,形成水浸状浸润区,逐渐扩大后变为淡灰褐色,病组织呈黏滑软腐状,称心腐型。有的从外叶边缘或心叶顶端开始向下发展,或从叶片虫伤处向四周蔓延,最后造成整个菜头腐烂称为烧心型。腐烂的病叶在晴暖、干燥的环境下,可以失水,干枯变成薄纸状,俗称烧边型。

62. 大白菜软腐病的发病有何规律?

大白菜软腐病是菌性病害主要在田间病株、窖藏种株、土中未腐烂的植株病残体、害虫体内越冬,可以通过雨水、灌溉水、带菌肥料、昆虫等传播。致病菌经潜伏繁殖后,在生育期或贮藏期均可引起白菜发病。

该病发生的严重程度与白菜伤口的多少及黑腐病发生程度大小等有关。病菌由虫食伤口或人为伤口侵入引起发病,生长适宜温度为25℃～30℃。植株产生伤口后,伤口愈合速度与软腐病发生流行有密切关系,高温多雨季节,排水不良、地势低洼的土壤极易发生软腐病。

在大白菜栽培中,应营造有利于作物生长、减少伤口发生及伤口愈合快、不利病虫发生的环境条件,可大大减少白菜软腐病的发生。该病菌也可从幼苗的根毛区侵入,潜伏在导管中,然后引起发病。

由于寄主范围广,除危害白菜、甘蓝、花椰菜等十字花科蔬菜外,还可危害番茄、辣椒、芹菜、莴苣、莴笋等多种蔬菜。所以,能从春到秋在各种蔬菜上交替传染,繁殖危害,最后传到白菜、萝卜等菜上。病菌侵入后,可分泌出果胶酶,造成白菜组织腐烂,此时,又受到腐败细菌侵入,即分解细胞蛋白胨而产生出臭味。

63. 怎样防治大白菜软腐病？

(1)选用抗病品种　白菜不同类型品种，抗病性不同。大白菜中疏立直筒型品种，由于外叶直立，垄间不荫蔽，通风良好，在田间发病较外叶贴地的球型、牛心型品种发病轻；青帮品种较柔嫩多汁的白帮品种抗病。即使同类品种，抗病差异也较大，所以加强抗病品种的筛选，增强作物免疫力是非常重要的。而抗病毒病和霜霉病的品种，一般也抗软腐病。如：北京新 3 号、晋菜 3 号、太原二青等。如果要种植球型品种，可选择丰抗 80 等，并适当推迟播种期，改在立秋后 2～4 天再播种，或育苗移栽。这样可使白菜结球避开高温高湿期，大大减轻因高温高湿引发的白菜软腐病。

(2)农业措施

①深沟高畦　将传统的平畦种植改为起垄种植有利排水，减少湿度。具体方法是：将耕好的地按白菜要求的行距进行起垄，一般垄高 8～10 厘米，垄与垄之间的沟内铺洒一层拌了辛硫磷或敌敌畏农药的麦糠或碎麦秸，既可防虫又能保墒还能防止沟内出草。浇水时的水量大小以水与沟平为宜，切忌垄上上水，大水漫灌白菜根基部。

②实施轮作　尽可能选择前茬为大麦、小麦、水稻、豆科植物的田块与大白菜实行 2～3 年的轮作，避免与茄科作物、瓜类及其他十字花科蔬菜连作。选对茬口，避免重茬。一般上茬应选择种植葱、蒜或菜豆的地块，如果是麦茬更好，这样可以避免因重茬软腐病菌侵染。

③加强肥水管理　在施肥方法上，要特别注意均匀施用腐熟有机肥料，以免烧根，诱发软腐病。在灌溉方面，必须根据土壤水分含量，不能过干或过湿，以免导致白菜产生过多的自然裂口，为软腐病菌侵入造成条件。

④调整播种期　将作物的危险期与病虫害的发生盛期错开，

结球期避开雨季,在生产中因需要通过播种期调整植株大小,控制软腐病的发生。

⑤土壤消毒　播种前土壤用石灰消毒,减少病菌侵染机会。

⑥避免产生伤口　封畦后不可锄地防伤口产生,节制灌水,避免漫灌,控制湿度,增加伤口愈合速度。定期补充硼砂和氯化钙,避免轴裂及心腐产生伤口。早期应注意防治地下害虫及食叶害虫,减少虫食伤口。

(3)化学防治　预防为主,发病初期喷洒3%中生菌素可湿性粉剂 800 倍液,或 72%农用硫酸链霉素可溶性粉剂 3 000 倍液、50%氯溴异氰尿酸可溶性粉剂 1 200 倍液,7 天 1 次,连续施用 3 次;也可用 25%络氨铜·锌水剂 500 倍液或 47%春雷·王铜(加瑞农)可湿性粉剂 750 倍液,隔 10 天 1 次,连续防治 2~3 次,不仅可防治软腐病,还可兼治黑腐病、细菌性角斑病、黑斑病等,但对铜剂敏感的品种须慎用。也可用 20%井岗霉素水溶剂每 25 克对水 50 千克进行喷药预防。

除全田喷药外,还应重点将药液喷在白菜根基部,每棵药液量约 100 克,使药液渗入白菜根部土壤内。如果发现零星软腐病株,应立即拔除并带出田外,在拔除的病株坑内撒上生石灰,并继续用上述药剂进行喷治。

防治白菜软腐病应以加强田间管理、防治害虫、利用抗病品种为主,再结合药剂防治,才能收到较好效果。

64. 如何识别大白菜细菌性角斑病?

大白菜细菌性角斑病在全国各地白菜产区都有发生,是大白菜生产上的一种主要病害,严重影响着大白菜的产量与质量。此外,对菜花、甘蓝、油菜、番茄、甜椒、芹菜、萝卜、黄瓜和菜豆也可造成一定危害。

该病主要发生在苗期、莲座期及包心初期,多在外层叶片发生。初时产生水渍状凹陷的斑点,扩展后病斑为大小不等的不规则形角状斑,叶面上病斑呈灰褐色油渍状。温度低时,叶背面病斑上溢出污白色菌脓;干燥时,病斑似膜状干枯,质脆,易开裂或穿孔。病重时病斑相互连片,病部破碎,残留叶脉。常与黑腐病复合侵染,加重腐烂,穿孔。

65. 大白菜细菌性角斑病的发病有何规律?

丁香假单胞菌致病型病菌生长最适温度为 25℃～28℃,相对湿度 90% 以上。在条件适宜时,潜育期不长,一般 3～5 天,所以容易造成流行。发病适温 25℃～27℃,相对湿度 85% 以上。白菜叶面有水滴是发病的重要条件。进入莲座期遇上连续阴雨,病害极易发生和流行。

病菌主要在种子上或随病残体在土壤中越冬。种子上的病菌一般可存活 1 年,播带菌的种子,发芽后病菌可侵染叶片,成为初侵染源。在田间病菌借风雨、灌溉水传播,由叶片气孔和伤口侵入。病原菌潜育期短,病情发展迅速。

另外,随病残体在土壤中越冬的病菌,翌年可通过雨水或灌溉水溅射到叶片上,也是初侵染源。发病后,病部的细菌又借风雨、昆虫、农事操作等传播蔓延,从伤口或自然孔口(如气孔、水孔)侵入,进行再侵染。

所以,多雨特别是暴风雨后发病重。发病与种子的关系密切,如果播的是未经消毒的带菌种子,无病田会变成病田,病田则病害加重。此外,病地重茬或地势低洼,肥料缺乏,植株衰弱,抵抗力差,或管理不善造成植株伤口多,一般发病重。

66. 怎样防治大白菜细菌性角斑病?

(1)选种 选用抗病品种,如青研系列、琴萌系列秋大白菜。选用无病种子,建立无病留种田,从无病地或无病株上采种子(即无病种子)。

(2)种子消毒 用 50℃温水浸泡 25 分,或用 45%代森铵水剂 300 倍液浸泡 15 分,然后捞出种子晾干后播种。

(3)搞好栽培管理 采用高垄或高畦栽培,密度适宜。加强田间管理,清除田边地头杂草,减少虫源。播前施足粪肥,播后均匀灌水,雨后及时排除田间积水。重病地与茄果类、瓜类蔬菜进行 2 年以上轮作。农事操作时要小心,切勿损伤植株,防止造成伤口。及时防虫,有害虫为害时要及时防治,减少病害传播。

(4)药剂防治 防治大白菜细菌性角斑病较安全的药剂有 72%农用链霉素可溶性粉剂 4 000 倍液,或 72%新植霉素可溶性粉剂 4 000 倍液,或 1%中生霉素水剂 100～150 倍液,以 45～60 千克/667 米² 药液喷雾,每 7 天喷 1 次,连喷 3～4 次。也可使用 50%丁戊己二元酸铜(DT)可湿性粉剂 700 倍液,或 50%甲霜铜可湿性粉剂 600 倍液,或 14%络氨铜水剂 400 倍液,或 77%氢氧化铜(可杀得)可湿性微粒粉剂 600 倍液,或 60%琥铜·乙膦铝(百菌通)可湿性粉剂 700 倍液,以 45～60 千克/667 米² 剂量喷雾防治,每 7～10 天喷 1 次,连喷 2～3 次。但值得注意的是,这些药剂均为铜制剂,有些大白菜品种对铜敏感,为了防止药害产生,要慎重使用,一是使用比正常浓度低,二是先做试验,喷几株后观察几天,看有无药害产生,如果没有药害,才可大面积应用。

67. 如何识别大白菜细菌性褐斑病?

大白菜细菌性褐斑病主要危害大白菜中结球白菜、黄芽菜、包心白菜等叶片和叶帮,是大白菜生产上的一种主要病害,严重影响大白菜的产量与品质。

该病多先从外叶发病,向包心叶发展。叶片上病斑大小不等,近圆形或不规则形,褐色,边缘色深而中间色稍浅,病斑四周组织褪绿发黄。重时病斑可融合为大斑块,致使半叶或全叶褐变。湿度大时病部呈水浸状腐烂,干燥后变白干枯。病情扩展很快,几天内即可达到包心叶,生产上常成片腐烂或干枯。

68. 大白菜细菌性褐斑病的发病有何规律?

该菌在自然界分布很广,是土壤腐生菌,可存活于土壤中越冬,借雨水、灌溉水传播,多从伤口侵入。发育适温 30℃～35℃,要求高湿。白菜生长季节遇连阴雨天气或田间湿度大、气温高,病害扩展迅速,能造成为害。

69. 怎样防治大白菜细菌性褐斑病?

(1)农业防治 选用抗病品种,如北京小杂 51、吉研 5 号、鲁白 10 号、律白 45 等。重病田进行 2～3 年以上轮作。清除田间病株残体,集中深埋或烧毁。加强田水管理,控制田间湿度。

(2)药剂防治 发病初期及时喷施 72%硫酸链霉素可溶性粉剂 3 000～4 000 倍液,或 72%新植霉素可溶性粉剂 4 000 倍液,或 1%中生霉素水剂 100～150 倍液,或 88%土霉素盐酸盐可溶性粉剂 4 000 倍液,或 77%氢氧化铜可湿性粉剂 800 倍液,或 47%春雷·王铜可湿性粉剂 800 倍液,或 27%铜高尚悬浮剂 600 倍液,或 30%碱式硫酸铜(绿得保)悬浮剂 400 倍液。以 45～60 千克/667 米² 药液量喷雾,每隔 7～10 天喷 1 次,连续 2～3 次。多种药剂交替使用,避免病菌产生抗药性。此外,由于大白菜对铜制剂非常敏感,所以在使用含铜的药剂时须严格控制用量,且注意在晴天中午不要用药,大白菜采收前 7 天不要用药。

70. 如何识别大白菜黑腐病?

大白菜黑腐病是一种细菌性病害,全国各白菜产区都有分布,保护地、露地都可发病,以夏秋高温多雨季发病较重。除为害大白菜、小白菜、白菜型油菜外,还为害菜心、紫菜薹等蔬菜。特别是对大白菜生产造成较大影响,是大白菜生产中的主要病害之一。

该病在幼苗出土前受害则导致不出苗。幼苗子叶发病,边缘水浸状,发黑后迅速枯死。成株染病,叶斑多从叶缘向内扩展,形成"V"字形黑褐色病斑,周围变黄,病斑内网状叶脉变为褐色或黑色。病斑扩大,造成叶片局部或大部分腐烂枯死。叶柄发病,病原菌沿维管束向上发展,可形成褐色干腐,叶片歪向一侧,半边叶片发黄,短缩茎腐烂,维管束变色,有一圈黑色小点,严重的髓部中空,变黑干腐。

71. 大白菜黑腐病的发病有何规律?

病原菌随种子和田间的病株残体越冬,也可在采种株或冬菜上越冬。病菌在种子上可存活 28 个月,成为远距离传播的主要途径。在生长期主要通过病株、肥料、风雨或农具等传播蔓延。若种子带菌,幼苗出土时,依附在子叶上的病菌从子叶边缘的水孔或伤口侵入,引起发病。

该病菌生长适温为 25℃～30℃,最高 39℃,最低 5℃,致死温度 51℃经 10 分钟,耐酸碱度范围 pH6.1～6.8,pH6.4 最适宜。高温高湿、多雨、重露有利于黑腐病发生,暴风雨后往往大发生。易积水的低洼地块和灌水过多的地块发病多。早播,与十字花科作物连作,管理粗放,施用未腐熟农家肥的地块,以及害虫严重发生的地块发病重。

72. 怎样防治大白菜黑腐病?

(1)种子消毒 尽可能从无病田或无病株上采种。播种前进行种子消毒处理。用温汤浸种法处理时,种子先用冷水预浸 10 分钟,再用 50℃热水浸种 25～30 分钟。药剂处理可用高锰酸钾,或 77%氢氧化铜悬浮剂 800 倍液,或 45%代森铵水剂 300 倍液,浸种时间为 20 分钟,浸种后的种子要用水充分冲洗后晾干播种,或用种子重量 0.3%的 50%福美双可湿性粉剂拌种。此外,也可用 2%中生菌素水剂 15 毫升稀释 100 倍浸拌 200 克种子,吸附后阴干;或每千克种子用漂白粉 10~20 克(有效成分)加少量水,将种子拌匀,后放入容器内封存 16 小时,均可有效地防治十字花科蔬菜种子上携带的黑腐病菌。

(2)合理轮作 与非寄主作物进行 2~3 年轮作,避免与十字花科蔬菜连作。

(3)加强田间管理 清洁田园,及时清除病残体,秋后深翻,施用腐熟的农家肥,适时播种,合理密植,合理灌水,及时防虫,减少传菌介体。苗期适时浇水,合理蹲苗,及时拔除田间病株并带出田外深埋,并对病穴撒石灰消毒。

(4)药剂防治 发病初期及时喷施药剂进行防治。可选用的药剂有:72%农用链霉素可溶性粉剂 4 000 倍液,或 72%新植霉素可溶性粉剂 4 000 倍液,或 47%春雷·王铜可湿性粉剂 800 倍液,或 70%敌磺钠可溶性粉剂 1 000 倍液,或 50%氯溴异氰尿酸(消菌灵)可溶性粉剂 1 200 倍液,或 12%松脂酸铜乳油 600 倍液,或 14%络氨铜水剂 350 倍液,或 53.8%氢氧化铜水分散粒剂 1 000 倍液等,以每 667 平方米 45~60 千克药液剂量施用,隔 7~10 天施用 1 次,连续施用 2~3 次。

73. 如何识别大白菜细菌性叶斑病?

大白菜细菌性叶斑病是大白菜生产上一种重要病害。该病主要危害大白菜幼苗,病叶背面产生水渍状小点,凹陷,呈黑色发亮,逐渐扩展,在叶正面形成 0.2~0.4 厘米大小黄褐或黑褐色坏死斑,边缘色较深,油浸状,呈圆形或不规则形,有时相互连结成大斑块病斑,四周常环有褪绿晕圈。天气干燥时,病斑干枯质脆,易开裂,叶片枯死。

74. 大白菜细菌性叶斑病的发病有何规律？

病菌以细菌体在种子或病残体上越冬，并成为翌年病害初侵染源。田间病菌借雨水、灌溉水和害虫传播蔓延，从伤口侵入致病。此外，在露水未干时进行农事操作，病菌会污染农具或人体，再接触健壮植株时病菌就得以传播。

病菌在4℃～41℃均能生长，最适生长温度25℃～28℃，超过41℃则病菌不能生长。下列条件下极易导致白菜细菌性叶斑病的发生。①田间温度在25℃～27℃，相对湿度85％以上，雨水充足的天气有利于发病，特别是白菜进入莲座期至包心期遇连阴雨，有利于病害发生流行。②叶色深绿的大白菜品种发病较重。③连作地、前茬病重、土壤存菌多以及地势低洼积水，排水不良；或土质黏重，土壤偏酸易发病。④早春多雨或梅雨早来、气候温暖空气湿度大或秋季多雨、多雾、重露或寒流来早时易发病。⑤大棚栽培往往为了保温而不放风排湿，引起湿度过大或氮肥施用过多，植株生长过嫩，易导致发病。此外，本病常与细菌性角斑病混合发生。

75. 怎样防治大白菜细菌性叶斑病？

(1)农业措施　①选用抗病品种，一般白帮类型较抗病。②重病地应实行与非十字花科蔬菜隔年轮作。高垄、深沟高畦栽培，保持田间不积水。③加强肥水管理。增施磷钾肥，勿过施偏施氮肥，适时喷施叶面营养剂促进植株壮而不过旺；小水勤浇，雨后及时排水。④使用无病种子，播前用50℃温水浸种10分钟或用拌种剂或浸种剂灭菌。⑤合理密植，发病时及时清除病叶、病株，并带出田外烧毁，病穴施药或生石灰，以减少菌源。

(2)药剂防治　发病初期及时喷施药剂进行防治，可选用下列药剂：72％农用硫酸链霉素4 000倍液，或14％络氨铜水剂350倍液，或60％琥铜·乙膦铝(百菌通)可湿性粉剂600倍液，或68％

金甲霜·锰锌水分散粒剂 600～800 倍液,或 72.2％霜霉威盐酸盐(普力克)水剂 1 000 倍液,或 25％嘧菌酯(阿米西达)悬浮剂 1 000～2 000 倍液,或 43％戊唑醇悬浮剂 3 000～4 000 倍液,或 10％氰霜唑悬浮剂 2 000～3 000 倍液,或 65.5％噁唑·菌酮水分散粒剂 800～1 200 倍液,或 52.5％抑快净水分散粒剂 2 000～3 000倍液,或 64％噁霜·锰锌可湿性粉剂 400～500 倍液,或 80％代森锰锌可湿性粉剂 600～800 倍液,或 70％丙森锌(安泰生)可湿性粉剂 500～700 倍液,或 70％代森锰锌可湿性粉剂 500～700 倍液,或 70％敌磺钠可湿性粉剂 1 000 倍液,或 72％霜脲·锰锌(克露、抑菌净、威克、仙露、霜克)可湿性粉剂 400～600 倍液,或 50％异菌脲可湿性粉剂 1 000 倍液,或 58％甲霜灵可湿性粉剂1 000倍液,或 77％氢氧化铜(冠菌铜)可湿性粉剂 1 000 倍液,或 40％乙膦铝可湿性粉剂 300 倍液。使用方法:每 667 平方米 45～60 千克稀释药液喷雾,每隔 7～10 天喷 1 次,连续 2～3次。

76. 如何识别大白菜根结线虫病?

发生根结线虫病的大白菜植株生长发育不良,似缺水肥状,叶片在晴天中午易萎蔫,并逐渐黄枯。挖出病株用水涮去根部土壤,可见根系的侧根或须根上产生大小不等的瘤状根结,初为乳白色,后变为褐色(注意与白菜根肿病的区别)。根结上一般可长出细弱的新根,新根上再形成根结。剖开根结,可见病组织里有很小的梨形白色雌线虫埋于其内。发病严重时菜株枯死。

77. 大白菜根结线虫病的发病有何规律?

根结线虫以二龄幼虫或卵在土壤中越冬,借病土、病苗及灌溉水进行传播。越冬卵孵化后,二龄幼虫在土壤中移动寻找作物根尖,从嫩根根冠侵入,刺激根细胞增生,形成瘤状根结。幼虫在根结内发育至四龄进行交尾产卵,卵孵化后,幼虫到二龄时离开卵壳脱离寄主进入土中进行再侵染或越冬。

根结线虫多分布在距表土 20 厘米的土层内,主要在 3～10 厘米土层内活动。线虫发育适温 25℃～28℃,土壤潮湿利于线虫活动,雨季有利于卵孵化和幼虫侵染。中性砂壤、结构疏松的土壤发病严重,连作时间长受害严重。

78. 怎样防治大白菜根结线虫病?

(1)农业防治

①进行轮作　发病严重地块应与水稻或其他粮食作物进行 2～3 年轮作,也可与耐线虫为害的大葱、辣椒等蔬菜进行 2 年轮作或间套种。

②及时清除病残体,集中烧毁　病田作物收获后,彻底铲除田间、地边的荠菜、苣荬菜、蒲公英、苍耳等杂草。

③施足腐熟粪肥　进行 20 厘米以上深度深翻,并利用空闲期灌水淹田,时间越长越好,促使线虫死亡。

④选苗　选用无病土育苗,培育健壮幼苗。

(2)药剂防治

①土壤熏蒸或灌根处理　如在田块休闲期用棉隆、溴甲烷等进行土壤熏蒸处理,每 667 平方米用 6～8 千克,覆膜熏蒸 2～3 周后敞开散气 5～7 天,然后再播种,一茬作物处理一次。

②苗床消毒　用 10%的噻唑膦(福气多)颗粒剂 1.5～2 千克/667 米^2,或 0.5%阿维菌素颗粒剂 4～6 千克/667 米^2 于作物移栽前开沟撒施于土壤中并覆土,使药剂埋于 20 厘米土层内,浇水封闭。或每 667 平方米用 3%氯唑磷(米乐尔)颗粒剂 1～1.5 千克,均匀施于苗床土内和拌少量细土均匀施于定植沟穴内。苗床和定植穴也可用 1.8%阿维菌素乳油 1 500 倍液浇灌防治,每 667 平方米浇施药液 150 千克。

③田间发病用药　可对病株用50%辛硫磷乳油1 500倍液，或80%敌敌畏乳油1 000倍液，或1.8%阿维菌素乳油乳油1 500倍液灌根。

79. 如何识别大白菜干烧心病?

大白菜"干烧心"一般在大白菜生长中后期发病，在莲座期和结球期发病频繁，开始叶球顶部叶缘向外翻卷，并逐渐干枯黄化呈干纸状，病部组织和健康组织界线分明，叶脉黄褐色，球叶中部的叶片易发病。病害于莲座后期开始发生，有的嫩叶仅表现干边，到结球后才显出症状，剖开叶球后可看到部分心叶边缘处变白、变黄、变干，叶肉呈干纸状，病健组织区分明显。严重时，整棵菜失去了食用价值。贮藏期发病也较严重。

80. 大白菜干烧心病的发病有何规律?

大白菜干烧心病是一种生理性病害，试验表明该病是由于土壤中可被利用的钙素不足造成的。造成生理性缺钙的原因是土壤盐碱含量较高，大白菜吸收钠离子过多，抑制了根对钙的吸收；水分供应不足，使根区的盐分浓度过高，抑制了根对钙的吸收；使用过多的氮肥，抑制了根对钙的吸收。

81. 怎样防治大白菜干烧心病?

(1)选择抗"干烧心"的品种　生产试验表明，选用竖心型的品种对"干烧心"具有较强的抗性，如太原二青、青麻叶、秋玉等品种。

(2)精选地块　大白菜地要选择土质疏松、排水良好的地块，尽量不要选择地势低洼的盐碱地。据菜农经验，选地要"三沙七土"为最好，这种土壤耕作便利，保肥保水能力良好，幼苗和莲座期生长旺盛，结球坚实产量高，品质优良。

(3)增施有机肥，改良土壤性状　一般地块667平方米施用腐熟的有机肥 5 000 千克,要求土壤平整,浇水均匀,土壤的含盐量低于 0.2%,水质无污染,氯化物的含量低于 500 毫克/升以下,酸性土壤应增施石灰,调整土壤的酸碱度。

(4)注重氮、磷、钾平衡　要严格控制单一氮肥的施用量,平衡施肥。在中等及中等以上肥力的土壤中,氮、磷、钾的肥料配比为 1:0.5:0.5。氮肥每 667 平方米的用量折合尿素为 40 千克,分别在莲座期、结球期追施 2~3 次,使用时要将肥料撒均匀,浇水均匀,防止过干或过湿。

(5)适时补施钙肥　根外补钙是有效而又最直接的办法,通常自大白菜莲座期开始,每 7~10 天向心叶喷洒 0.7%氯化钙和 50 毫克/千克萘乙酸混合液。喷施时应注意重点向心叶喷洒,一般喷施 4~5 次即可达到 80%的防治效果。也可用 11%过磷酸钙,或 0.7%的硫酸锰喷洒防治干烧心。

(6)科学安排茬口　在容易发生干烧心的地块种植大白菜时,应避免与对钙肥需求旺盛的甘蓝、番茄等蔬菜作物连作。如果上茬种植的番茄在结果期常发生脐腐病,说明该地块缺钙严重,秋茬最好不要种植大白菜。

第三章　大白菜虫害及防治

1. 如何识别小菜蛾？

小菜蛾俗称方块蛾、小青虫、两头尖和吊丝鬼等，是我国十字花科蔬菜的主要害虫，常对大白菜造成严重危害。正确识别小菜蛾是搞好防控工作，保障大白菜丰产、优质的基础。

（1）成虫　为灰褐色小蛾，体长 6～7 毫米，翅展 12～15 毫米。头部黄白色，触角丝状、褐色有白纹。前后翅狭长而尖，缘毛很长，前翅中央有黄白色三度曲折的波纹。蛾子停息时触角向前伸，两翅合拢成屋脊状，黄白色部分合并成 3 个连串的菱形斑纹（俗称方块蛾），前翅的缘毛高高翘起如鸡尾状，易于识别。

（2）卵　长约 0.5 毫米，宽约 0.3 毫米，椭圆形，扁平，淡黄绿色，表面光滑有光泽。

（3）幼虫　幼虫分为 4 个龄期，老熟时体长 10～12 毫米。一龄幼虫很小，体色发黑，肉眼很难看到；二龄幼虫肉眼可以看到，体色与一龄幼虫相似；三龄和四龄幼虫体型两头细尖、腹部 4～5 节膨大呈梭形，一般黄绿色或深绿色，腹部末端有两个臀足向后伸出。幼虫有一个显著的行为特征，遇惊扰时即迅速扭动后退或吐丝下垂（俗称吊丝鬼）。

（4）蛹　长 5～8 毫米，体色多变，有绿、黄、褐、粉红等，由纺锤形灰白色丝质的薄茧围起，常附着在叶片上。

2. 小菜蛾的为害特点是什么？

小菜蛾嗜好十字花科植物含有的芥子油和葡萄糖苷类化合物，主要为害甘蓝类、白菜类、芥菜类、油菜、萝卜等十字花科植物，属于寡食性害虫,其中大白菜是重要的寄主蔬菜。主要以幼虫为害叶片,一、二龄幼虫仅取食叶肉,留下表皮,在菜叶上形成透明的斑痕,称为"开天窗"。三、四龄幼虫可将叶片食成孔洞和缺刻,严重时1株大白菜上可有数十头幼虫取食,将部分或整株叶片吃成网状,影响光合作用和大白菜包心,降低产量和食用品质。在植株苗期幼虫常集中食害心叶,甚至吃掉生长点形成"无头菜";而在大白菜包心期,幼虫可钻蛀叶球,造成严重损失。此外,小菜蛾还为害留种株的嫩茎、幼荚和籽粒,影响结实和种子饱满。

小菜蛾也可为害紫罗兰、桂香竹等观赏植物及欧洲菘蓝等药用植物,在田间主要的蔬菜寄主缺乏时则取食十字花科杂草,成为维持小菜蛾种群延续重要的过渡寄主植物。

3. 小菜蛾有哪些主要生活习性?

成虫昼伏夜出,白天隐藏于植株荫蔽处或杂草丛中,受到惊扰则在植株或草丛间短距离低飞。黄昏后开始活动、取食、交尾和产卵。有趋光性,对黑光灯趋性较强。

成虫喜在生长旺盛的甘蓝、芥蓝、花椰菜、大白菜上产卵,卵多散产或数粒集聚一起,多产于叶片背面脉间凹陷和叶柄等隐蔽处,大白菜苗期大量的卵产在靠近地面的茎部,不易发现。平均每雌产卵100～200粒,最多可达500余粒,卵期3～11天随温度不同而变化。

幼虫共4龄,发育历期12～27天。一龄食量占整个幼虫期的3%,二、三龄占19%,四龄食量大增占78%。幼虫遇惊动即扭动身体、倒退、吐丝下垂,但稍静片刻又返回叶上继续取食。老熟幼虫多在叶片背面的叶脉附近结茧化蛹,也有在落地的枯叶上化蛹,蛹期4～8天。成虫一般寿命11～28天,夏季高温季节最短(只有3～5天)。小菜蛾适应环境能力和抗逆性强,成虫在0℃～10℃可存活数月,10℃～35℃仍可存活繁殖;幼虫在冬季平均气温

0.3℃~1.7℃的中午温暖时还能取食,蛹的耐寒能力较强,在4℃低温下放置20~30天仍能正常羽化,是寒冷地区主要的越冬虫态。但小菜蛾各虫态发育与繁殖的适宜温度为20℃~28℃,最适25℃。此外,小菜蛾虽然飞翔能力不强,但可借风力作远距离迁移,且对杀虫剂易产生抗性,是其广泛分布和严重为害的重要原因。

4. 小菜蛾的发生有何规律?

小菜蛾广泛分布于我国各省、市、自治区,1年发生的代数因地而异,从南到北、从东到西逐渐减少。华南地区1年发生18~21代,长江流域9~14代,华北地区4~6代,新疆4代,黑龙江2~4代。在蔬菜生产季节田间可同时见到成虫、幼虫和蛹等虫态,不同世代重叠发生现象严重。此外,小菜蛾全年发生数量和为害程度,不同地区间也有较大差异。

长江流域及其以南菜区,小菜蛾可周年发生,无越冬和滞育现象,发生期长、发生数量高和危害性大。其中,广大菜区小菜蛾的发生危害有2个明显的高峰期,如海南地区出现在11月中旬至12月下旬和3月中下旬至4月中旬,广东地区出现在3~4月份和8~9月份,并且2个高峰期的虫口数量差别不大。而在长江中下游菜区,从4月至6月上旬形成春季危害高峰,以后9月中下旬至10月形成第2个秋季危害高峰,一般秋季危害重于春季。夏季由于高温抑制、暴雨冲刷和多种寄生蜂等自然天敌的控制作用增强,露地菜田小菜蛾虫口密度较低,发生较轻。但在云南高原菜区小菜蛾1年的高峰期有3个,分别出现在春、夏、秋三个季节。由于全球性的气候变暖等原因,小菜蛾的为害区域不断扩大,自1990年以来我国北方地菜区小菜蛾的发生危害日趋严重。小菜蛾以蛹在田间寄主作物茎杆及残留物上越冬,成为翌年的虫源;现有研究结果表明,还有从南方地区随季风远距离迁入的虫源。在华北地区田间 3 月可见到小菜蛾成虫,5~6 月份进入发生危害盛期,秋季发生较轻;新疆菜区 8~9 月份发生为害重。

随着我国设施蔬菜生产的迅速发展,保护地十字花科蔬菜反季节栽培面积不断扩大,盛夏季节采取遮阴、防雨措施和冬季的温暖环境,有利于小菜蛾种群繁衍,若疏于管理常可造成一定危害,并可为露地蔬菜提供虫源。

小菜蛾田间种群数量动态,受温度、降水等气候因素、栽培和耕作方式、天敌和寄主植物等多种因素影响。通常温暖干旱少雨的年份和天气,十字花科蔬菜大面积、周年连片种植,菜田临近苗床及管理粗放等,小菜蛾发生为害严重。

5. 小菜蛾的抗药性发展到了何种程度?

小菜蛾是国内、外抗药性最严重的害虫之一,对使用的各类杀虫剂(包括苏云金杆菌)都曾产生不同程度的抗性。一般对拟除虫菊酯类药剂的抗性水平最高、发展速度最快,基甲酸酯类和几丁质合成抑制剂次之,有机磷和杀螟单等沙蚕毒素类药剂抗性发展较缓慢。我国南方地区小菜蛾种群的抗药性程度,一般比北方地区种群抗性水平高和发展速度快。如 20 世纪 90 年代初期小菜蛾上海种群,对溴氰、氰戊、氯氰菊酯的抗性分别为 10 414 以上、2 102 和 245 倍;广州种群依次为 10 414 以上、3 569 和 533 倍。小菜蛾上海、深圳种群对氟啶脲的抗性分别为 29.7 和 70.9 倍,武汉种群对氟虫脲的抗性达到 1 254.1 倍。

近些年来,随着人们对抗药性治理的重视,用药种类的多样化,拟除虫菊酯抗性问题已有所改善。2008 年长沙小菜蛾种群对氯氟氰菊酯和溴氰菊酯抗性倍数分别为 217.6 和 192.5,虽然达极高抗和高抗水平,但较十余年前的情况已有明显下降。对杀虫单、辛硫磷、敌敌畏和乙酰甲胺磷达高抗水平,其抗性倍数分别为 89.2、127.6、137.2 和 145.5。对灭多威、阿维菌素和茚虫威的抗性属中抗水平,其抗性倍数分别为 36.8、18.2 和 11.7。对甲氨基阿维菌素苯甲酸盐和溴虫腈的抗性属低抗水平(抗性倍数为 9.3~7.7 和 8.6),对多杀菌素没有产生明显抗性(抗性倍数为 4.5)。2010 年小菜蛾北京种群对多杀菌素敏感,对苏云金杆菌(Bt 制剂)、溴虫腈、巴丹处于低抗水平,对茚虫威、定虫隆为中抗水平,对阿维菌素的抗性达 1 670 倍,属于极高抗水平。

上述结果与各地杀虫剂的使用情况基本吻合,说明单纯依赖化学农药不能有效地防治小菜蛾。因此,在抗药性治理策略上,应优先采取其他措施降低其虫口密度,并与对小菜蛾敏感的杀虫剂结合使用,才能收到事半功倍的效果和良好的综合效益。

6. 怎样利用性诱剂诱杀小菜蛾?

性诱剂是昆虫性信息素化合物的简称,多由雌成虫性成熟时释放到空气中,吸引雄蛾来交配的激素。我国已经合成和开发了小菜蛾等多种昆虫的性诱剂和释放器,日趋广泛的应用于害虫预测预报和防治工作。小菜蛾性诱剂的专用诱芯有塑料毛细管型和硅橡胶塞型 2 种,与水盆式或三角形(内置黏胶板)干式释放器结合使用,将性诱剂释放到田间,大量诱捕和减少雄蛾的数量,通过干扰雌雄蛾交配,减少授精卵数量和降低幼虫虫口密度,达到控制小菜蛾的目的,是一项高效、安全的绿色防控技术。根据性诱剂的应用原理和技术要求,需要在小菜蛾发生初期开始应用,以大面积连片菜田应用效果好,至少应在 1 公顷(1 万平方米)以上,还须掌握下列要点:

(1)水盆释放器 最简单的诱捕器用塑料盆制成,在盆边沿相对位置穿 2 个孔,再用细铁丝将 1 个诱芯(市场购买)固定在塑料盆上方中央,诱芯口朝下,防止雨水冲淋其中的有效成分。在盆内加入 0.1%~0.2%洗涤灵(或适量洗衣粉)水溶液,水面距诱芯 1~1.5 厘米。按每 667 平方米用盆 3~5 个,均匀或顺次摆放于田间,盆要高于大白菜的顶部,盆与盆之间的距离30米以上,将盆体要稳固,防止风吹打翻。每隔1～2天把盆内诱捕的蛾子捞出来,以保持盆内清洁;随着大白菜的生长,注意提升诱盆的高度,并根据水分蒸发情况适时加入洗涤灵水,以保持诱捕蛾子的效果。按诱芯产品的有效期及时更换诱芯,一般每月更换1次。

(2)三角形干式释放器　把小菜蛾性诱剂诱芯1个挂在释放器内中央,释放器内底部放一张黏胶板,将吸引来的雄蛾蘸粘在板上。田间使用数量、摆放方法和更换诱芯等同上,但要经常检查黏胶板诱捕的蛾量,并及时更换备用的黏胶板。

7. 怎样综合防治小菜蛾?

小菜蛾发生普遍、危害严重,采用单一的防治方法难以奏效。各地应结合产地环境和生产条件,掌握小菜蛾的生活习性和发生规律,针对其薄弱环节采取综合防治措施,才能有效地控制其危害。

(1)农业防治　小菜蛾常年严重发生为害的地区,应合理安排茬口,尽量避免十字花科蔬菜周年连作,在其盛发期可选择与瓜类、豆类、茄果类、葱蒜类等蔬菜轮作倒茬,或与这些蔬菜间作可明显减轻危害。在夏季高温季节,停种十字花科蔬菜有利于恢复和培养地力,同时可以切断小菜蛾的食物链,起到拆桥断代的作用,降低秋季大白菜虫源的作用明显。收菜后及时清洁田园,以减少虫源基数。

(2)利用性诱剂诱捕成虫　见上文6。

(3)物理防治　在菜田约每3公顷(3万平方米)设置1盏黑光灯、高压汞灯或频振式杀虫灯诱杀小菜蛾成虫,兼治棉铃虫、甜菜夜蛾等害虫。保护地叶用蔬菜栽培覆盖40筛目的防虫网,阻隔小菜蛾迁入可基本免受其害,兼治蚜虫、甜菜夜蛾等害虫。

(4)合理使用药剂防治幼虫　根据当地小菜蛾抗药性状况科合理选用药剂,掌握在小菜蛾卵盛孵期到二龄幼虫发生期及时喷雾。可选用的杀虫剂包括生物制剂 8 000IU/毫克苏云金杆菌(Bt)可湿性粉剂 200～500 倍液,气温 20℃ 以上时效果较好;植物源农药 0.23％苦皮藤素微乳剂 500～1 000 倍液、0.3％印楝素乳油 600～800 倍液和 0.5％苦参碱水分散粒剂 1 000 倍液;昆虫生长调节剂类药剂 5％氟啶脲乳油 1 500 倍液;5％氟铃脲乳油 1 000 倍液;其他药剂 1.8％阿维菌素乳油 1 000～2 000 倍液、0.5％甲氨基阿维菌素苯甲酸盐乳油稀释 3 000 倍液、15％茚虫威悬浮剂 3 500 倍液、2.5％多杀菌素悬浮剂 1 000～1 500 倍液、10％虫螨腈悬浮液 1 000～1 500 倍液、20％氟虫双酰胺水分散粒剂 2 500～3 000 倍液、20％氯虫苯甲酰胺悬浮剂 3 000～4 000 倍液、10％三氟甲吡醚乳油 1 000 倍液、50％巴丹可湿性粉剂 800 倍液等。在小菜蛾对菊酯类、有机磷类杀虫剂较敏感地区,可用 2.5％高效氯氟氰菊酯(功夫)乳油、20％甲氰菊酯(灭扫利)乳油 2 500 倍液,或 40％菊·马乳油 1 000～1 500 倍液、21％增效氰·马乳油乳油 2 000 倍液、48％毒死蜱乳油 800 倍液等,视虫情一般 7 天后需再防治 1 次。注意不要单纯使用一种或一类药剂,提倡不同作用方式药剂间的轮换交替使用,延缓抗药性的产生。

8. 如何识别菜青虫?

菜青虫的成虫是菜粉蝶或称菜白蝶、白粉蝶,是十字花科蔬菜的主要害虫。

(1)成虫　体长 12～20 毫米,翅展 45～55 毫米,体黑色,胸部密白色及灰黑色长毛。前、后翅正面白色,背面淡黄色,翅表面覆细密鳞粉,前翅顶角和翅基为灰黑色。雌蝶前翅近中部有 2 个显著的黑斑,雄蝶则仅有一个黑斑。

(2)卵　长约 1 毫米,竖立呈瓶状。卵表面有纵行隆起线 12～15 条,各线间有横线,相互交叉成网状小格。卵单粒散产,直立在叶片上,初产乳白至淡黄色,后变橙黄色,孵化前变淡紫灰色。

（3）幼虫　老熟时体长 28～35 毫米。初孵化的幼虫灰黄色，后变青绿色，体圆筒形，中段较肥大，体上各节均有 4～5 条横皱纹，背部有一条不明显的断续黄色纵线，气门线黄色，每节的线上有 2 个黄斑，体表密布细小的黑色毛瘤，上生细毛，外观显得粗糙。幼虫老熟后在植株上或朝阳的枯枝、篱笆及墙角等处化蛹。

（4）蛹　长 18～21 毫米，纺锤形，两端尖细，中间膨大而有棱角状突起。蛹色随化蛹处环境而异，有绿色、灰黄、灰绿、棕褐色等，蛹体借 1 条丝固着在植株或其他化蛹场所。

9. 菜青虫的为害特点是什么？

菜青虫共 5 龄，三龄前食量小，约占幼虫期总食叶量的 3%，而且抗药性差。四龄约占 13%，5 龄进入暴食期占 84%，同时抗药性增强。一至二龄幼虫在叶背啃食叶肉，叶片出现小形凹斑，三龄以上幼虫可将叶片吃成孔洞或缺刻，轻则影响大白菜包心，严重时可将叶片吃光，只残留叶脉和叶柄，使幼苗死亡。幼虫排出大量粪便，污染叶片和叶球，遇雨可引起腐烂，使蔬菜品质变劣；在大白菜上造成的伤口为软腐病菌提供了入侵途径，诱发软腐病造成更大损失。

10. 菜青虫的有哪些主要的生活习性？

菜青虫 1 年发生多代，在我国由北到南代数逐渐增加，黑龙江 3～4 代，辽宁南部和华北北部 4～5 代，长江以南各地一般 7～9 代。以蛹在被害的十字花科蔬菜上，及附近的屋檐、篱笆、土缝、杂草和枯枝落叶中越冬。江南各地越冬蛹于翌年 2 月中旬至 3 月中旬、北方从 4 月中旬到 5 月中旬陆续羽化，羽化期长达 1～2 个月，造成世代重叠发生，给防治工作带来困难。成虫交尾后 2～3 天开始产卵，卵期 4～8 天。幼虫期 11～12 天。蛹期除越冬蛹长达数月外，一般为 5～16 天。成虫寿命约 2～5 周。菜粉蝶喜温暖少雨的气候条件,幼虫生长发育最适温度为 20℃～25℃,相对湿度在 76％左右,与大白菜等十字花科蔬菜栽培的适宜条件一致,北方以春、秋季为盛发期;南方地区则以春末夏初和秋末冬初发生危害严重。盛夏季节由于十字花科蔬菜栽培面积减少,高温、多雨及天敌的制约作用增强,不利于菜粉蝶和菜青虫的生长发育和繁殖,种群数量明显下降。

11. 如何防治菜青虫?

菜青虫的为害虽然严重,但是防治并不难。注意清洁田园,收获后及时处理残株、老叶和杂草,减少虫源。药剂防治掌握的原则是在低龄幼虫期施药,最好是三龄之前,因为三龄之后菜青虫的取食量很大,防治不及时菜青虫会将植株咬出很多空洞,对植物造成损害。

可选用的药剂包括:8 000 单位/毫克苏云金杆菌可湿性粉剂 500～800 倍液,或 4.5％高效氯氰菊酯乳油稀释 1 500～2 000 倍液,或 2.5％溴氰菊酯乳油稀释 1 000～1 500 倍液、2.5％高效氟氯氰菊酯乳油 1 000～1 500 倍液,或 20％灭幼脲悬浮剂稀释 800～1 000 倍液,或 0.3％苦参碱水剂稀释 600～800 倍液,或 90％敌百虫可溶性粉剂稀释 800～1 000 倍液,或 30％茚虫威水分散粒剂 6 000 倍液等。注意上述药剂的轮换和交替使用。

12. 如何识别甜菜夜蛾?

甜菜夜蛾又名贪夜蛾、玉米夜蛾、青条虫,在我国许多地方间歇性暴发成灾,为害遍及 20 多个省、直辖市、自治区,南到海南岛,最北可在沈阳、内蒙古等地。寄主多达 170 多种,主要为害甘蓝、白菜、花椰菜和萝卜等十字花科蔬菜、葫芦科,以及豆科等 30 余种蔬菜及 28 种大田作物。田间常见其成虫和幼虫虫态,蛹和卵较少见到。

（1）成虫　体长 8～14 毫米，翅展 19～34 毫米。前翅灰褐色，基部有两条黑色波浪形的外斜线，前翅外缘线由 1 列黑色三角形小斑组成，面有黑白两色双线 2 条，并在中央近前缘外方和内方分别有 1 个肾形斑和 1 个环形斑。后翅银白色、半透明，略有红黄色闪光，翅脉和外缘灰褐色。

（2）卵　呈圆馒头形，白色，孵化前转灰色，卵粒重叠成块，多为 1 至 3 层，表面覆盖有雌蛾脱落的白色鳞毛，一般产于叶背面。

（3）老熟幼虫　呈圆筒形，体长约 22～30 毫米，体表光滑无毛。体色变化很大，有绿色、暗绿色、黄褐色至黑褐色。腹部体侧气门下线为明显的黄白色纵带，带的末端直达腹部末端，不弯到臀足上去（甘蓝夜蛾老熟幼虫此纵带通到臀足上），两侧气门后上方各有近圆形的白点。

（4）蛹　体长 12 毫米左右，黄褐色，中胸气门位于前胸后缘部分明显外突，臀棘 2 根呈叉状，其腹面基部有 2 根短刚毛。

13. 甜菜夜蛾在大白菜上为害症状如何识别？

甜菜夜蛾初孵幼虫群集在叶背的卵块附近或者心叶内取食为害，稍大后分散为害。二龄后在叶面吐丝结网，取食后形成透明小孔，或只留表皮。四龄后幼虫食量大增，为害大白菜叶片成孔洞或缺刻状，严重时吃成网状，或仅残留叶脉和叶柄，或造成无头菜。若苗期受害，则可形成缺苗断垄。幼虫为害的同时，排出大量粪便，污染菜叶和菜心，严重降低蔬菜的品质，且虫伤又为软腐病菌提供了入侵途径，导致菜株发生软腐病，加速全株死亡。

14. 甜菜夜蛾有哪些主要生活习性？

甜菜夜蛾幼虫多数有 5 个龄期，少数有 6 龄，初孵时群集为害，食量小，三龄后幼虫分散为害，食量大增，四至五龄进入暴食期。

成虫昼伏夜出,成虫活动有两个高峰时段,一个是交尾期,一个为产卵期,雌虫常产卵于寄主叶片背面,孵化的低龄幼虫也聚集在底层叶片的背面;幼虫具有假死性,受到轻微惊扰即蜷缩身体掉落地面,老龄幼虫则入土在表土层吐丝筑土室化蛹。

甜菜夜蛾繁殖能力强,平均每头雌蛾产卵 455 粒(328~1 571粒),最多时能达到 1 800 多粒,且雄蛾可以多次交配。成虫具有很强的趋光性与趋化性,并且成虫需吸食一定的花蜜与露水,作为营养补充。

因此,防治上可以利用这个习性,采用黑光灯、性诱芯或者盛有糖醋溶液的容器等来诱杀甜菜夜蛾成虫。成虫迁飞能力强、距离远,其 1 日龄蛾即具备一定的飞行能力,2 日龄蛾飞行能力最强,3 日龄后开始缓慢下降,迁飞习性使甜菜夜蛾在不同地区分布为害更强。

15. 甜菜夜蛾的发生有何规律?

甜菜夜蛾的分布较广,目前在我国长江及黄淮中下游地区发生更为严重。从南到北,随着纬度的增加,呈现甜菜夜蛾的发生期逐渐缩短、发生代数逐渐减少的趋势。华南发生 9~10 代,长江流域 7~8 代,华北地区 4~6 代。其中,甜菜夜蛾在海南无越冬现象,终年繁殖为害。国内各地的发生量与当地越冬及外来虫源有密切关系,第一、第二代呈虫口积累阶段,一般 7~9 月份为发生高峰期,10 月份以后随着气温的下降,各种天敌盛行,田间种群数量逐渐下降,可停止防治。通常当年 8~9 月份气温较高,此虫易盛发;高温干旱对其种群暴发有利。

16. 如何防治甜菜夜蛾?

防治甜菜夜蛾遵循"预防为主、综合防治"的植保方针,加强虫情测报,采取以农业防治为基础,集成物理防治、生物防治等、合理选用化学防治的策略。

(1)农业防治　加强肥水管理,增强作物的抗逆性能,可减少甜菜夜蛾为害。及时清除田间、地边杂草,可破坏其生存环境,对减少虫源效果显著。由于甜菜夜蛾在土中化蛹,利用播前翻耕和中耕,将蛹翻入深土层,或破坏蛹室直接杀灭虫蛹,适时在田间浇水,提高田间湿度,有利于天敌对害虫的寄生,减少虫源基数。在甜菜夜蛾产卵盛期到卵块孵化前及时摘除卵块,并利用1龄幼虫群集叶背取食的习性,摘除有虫叶片,该方法在田间易识别,且简单易行。

(2)物理防治　根据成虫的趋性,可利用糖、酒、醋混合液或是甘薯、豆饼等发酵液加少量敌百虫诱杀,或用杨(柳)树枝诱集成虫,以5~7根杨(柳)树枝扎成一把,每667平方米插10余把,于每天早晨露水未干时捕杀诱集成虫,杨(柳)树枝干枯时,可洒清水润湿,10~15天换1次。也可采用黑光灯、高压汞灯或者频振式杀虫等诱杀成虫,3公顷放置1盏。

(3)生物防治　注意保护和利用白僵菌、绿僵菌、茧蜂、姬蜂、线虫等自然天敌,充分发挥田间自然生态控制作用。田间在成虫发生期采用水盆或干式诱捕器,每667~1 334平方米(1~2亩)面积用1个诱芯进行诱捕成虫,可有效地诱杀雄虫和干扰雌雄交配,大面积连片应用可降低田间种群密度,减少使用农药。同时,在卵盛期或者初孵幼虫孵化盛期及时喷施专一性的病毒杀虫剂进行防治。

(4)化学防治　化学防治需要选择高效、低毒、低残留农药。有机磷类、拟除虫菊酯类、氨基甲酸酯类等常规性农药由于抗性较高,建议暂停使用。目前,可选用5%氯虫苯甲酰胺悬浮剂1 000~1 500倍液,或20%氟虫双酰胺水分散粒剂3 000倍液,或1%甲氨基阿维菌素苯甲酸盐乳油2 000~3 000倍液,或2.5%多杀菌素悬浮剂500~1 000倍液,或15%茚虫威悬浮剂2 000~4 000倍液,或 10％虫螨腈悬浮剂 1 000～2 000 倍液和昆虫生长调节剂类杀虫剂,如 20％除虫脲悬浮剂 750～1 000 倍液,或 5％氟虫脲乳油 800～1 200 倍液,或 5％氟啶脲乳油 800～1 200 倍液,或 5％氟铃脲乳油 800～1 200 倍液,或 20％虫酰肼悬浮剂 600～1 200 倍液,或 24％甲氧虫酰肼悬浮剂 1 500～3 000 倍液,或 5％虱螨脲乳油 1 500～2 000 倍液等。施药时机选择在甜菜夜蛾低龄期(二龄以下)特别是卵孵化高峰期进行,提倡在早上与傍晚作业,注意叶面和叶背均匀施药。根据虫情决定施药次数,一般间隔 7～10 天。为了减轻和延缓甜菜夜蛾抗药性的产生和发展,每种农药在每季或者每茬作物上使用最好不超过 2 次,并注意不同作用机制的农药轮换用药。

17. 如何识别斜纹夜蛾?

斜纹夜蛾又称斜纹夜盗蛾、莲纹夜蛾、莲纹夜盗蛾,俗称花虫。该虫食性杂,寄生范围极广,寄主植物多达 99 个科 290 多种植物。在蔬菜中对白菜、甘蓝、芥菜、马铃薯、茄子、番茄、辣椒、南瓜、丝瓜、冬瓜以及藜科、百合科等多种作物都能进行为害。国内各地都有发生,是一种间隙性发生的暴食性害虫。主要发生在长江流域的江西、江苏、湖南、湖北、浙江、安徽等地,黄河流域的河南、河北、山东等省也间歇性发生。

(1)成虫 体长 14～20 毫米,翅展 35～46 毫米,暗褐色。胸部背面有灰白色丛毛,腹部背面有暗褐色丛毛。前翅灰褐色,花纹多,从前缘基部斜向后方臀角有一条白色宽斜纹带,其间有 2 条纵纹。雄蛾的白色斜纹不及雌蛾明显。后翅灰白色。

(2)卵 呈馒头状,初产黄白色,后变为暗灰色,常有数十到数百粒卵叠成 2～3 层的卵块,表面覆盖有棕黄色的疏松绒毛。

(3)幼虫 共 6 龄,体长 35～47 毫米,体色多变,常为土黄、青黄、灰褐或暗绿色,从中胸至第九腹节背面各有 1 对近半月形或三角形黑斑,其中以 1、7、8 节黑斑最大。胸足黑色。

(4)蛹　体长 15～20 毫米,圆筒形,赤褐至暗褐色,腹部第四节背面前缘及 5～7 节背、腹面前缘密布圆形刻点。气门黑褐色,腹末有 1 对臀刺。

18. 斜纹夜蛾有哪些主要生活习性?

斜纹夜蛾的成虫夜间活动,夜间飞出交尾产卵,晚上 8～12 时活动最盛;对黑光灯有趋光性,还对糖、醋、酒及发酵的胡萝卜、麦芽、豆饼、牛粪等有不同程度的趋化性。斜纹夜蛾属迁飞性害虫,成虫飞翔能力强,一次可飞数十米远,高达 10 米以上。如果迁飞的害虫受到适宜的气候因素影响,就有可能在局部地区突然暴发成灾。

成虫产卵前需在开花植物上取食蜜源补充营养,喜欢在生长高大茂密浓绿的边际作物上产卵,平均每头雌蛾产卵 3～5 块,约 400～700 粒。植株中部着卵最多,卵绝大多数产在寄主叶片背面。产卵呈块状,多数有多层排列,卵块上覆盖有棕黄色绒毛。

初孵幼虫先在卵块附近昼夜取食叶肉,留下叶片的表皮,呈窗纱状。遇惊扰后四处爬散或吐丝下坠或假死落地。三龄开始逐渐四处分散为害或吐丝下坠分散转移危害;四龄后食量骤增,此时幼虫大多啃食叶心或蛀入叶球内为害,可食光叶片或蛀食叶球形成孔洞,可致叶菜绝收。有假死性及自相残杀现象。幼虫畏光,白天躲在阴暗处或土缝里,很少活动,傍晚出来取食为害,至黎明又躲起来。在虫口密度过高、大发生时,幼虫有成群迁移的习性。

幼虫老熟后,入土 1～3 厘米,作椭圆形土室化蛹。适宜斜纹夜蛾生长发育的温度范围为 20℃～40℃;最适环境温度为 28℃～32℃。在 28℃～30℃下卵历期 3～4 天,幼虫期 15～20 天,蛹历期 6～9 天。

19. 斜纹夜蛾的发生有何规律？

斜纹夜蛾1年可发生多代，华北地区1年发生4～5代，长江流域年发生5～6代，世代重叠，无滞育特性。在黄淮地区1年发生5～6代，主害代为3～5代，其发育历期短，有世代重叠现象，以8～9月份为害最重，主要发生在秋季作物和蔬菜上。

在福建、广东、台湾等地区，终年都可发生，冬季可见到各虫态，无越冬休眠现象。华北地区8～9月份可见该虫的为害，但较少造成大面积的为害。主要在广东、广西等南方地区猖獗为害，为害盛期集中在7～10月份。该虫是一种喜温、喜湿性害虫，夏秋季雨量偏多有利于其发生，气温在28℃～30℃和90%的相对湿度是斜纹夜蛾各虫态均适宜发育的条件。该虫耐热性强，在高温（33℃～40℃）条件下也基本能够正常生活。

20. 如何防治斜纹夜蛾？

斜纹夜蛾的防治与甜菜夜蛾的防治方针和策略基本相同，采用农业、物理、化学防治等综合防治措施，效果较好。

（1）农业防治　铲除地边杂草，减少该虫的滋生场所。发生高峰期时摘除卵块及幼虫扩散为害前的带虫叶片。在化蛹期及时浅翻菜地，翻出的虫蛹及时消灭，减少下代发生数量。

（2）覆盖防虫网　夏秋保护地可覆盖防虫网和遮阳网，防止斜纹夜蛾成虫侵入棚室产卵危害。

（3）诱杀　结合防治甜菜夜蛾，可采用黑光灯或糖醋液诱杀；安装频振式杀虫灯或高压汞灯等来诱杀成虫，可明显地降低成虫的数量；斜纹夜蛾的性诱剂已商品化并有一定的应用面积，可参照商品生产厂家的性诱芯推荐用量，田间采用诱捕器和性诱芯来诱杀雄性成虫，并干扰成虫交配，可显著降低种群数量。

（4）药剂防治　选择在斜纹夜蛾的低龄幼虫盛期施药，防治效果最好。此时幼虫很小,对药剂的抵抗力较差,且群体聚集、尚未钻入叶球内,药剂极易接触虫体。同甜菜夜蛾一样,斜纹夜蛾幼虫白天不出来活动,故喷药宜在傍晚 6 时以后进行,是提高防治效果的关键技术措施,使药剂能直接喷到虫体和食物上,触杀、胃毒并进,增强毒杀效果。

　　药剂可选用 10%溴虫腈悬浮剂 1 500 倍液、5%氟虫脲乳油 1 000 倍液,20%氯虫苯甲酰胺悬浮剂 5 000 倍液防效最佳,药后 7 天的防效可达到 95%以上;2%广豆根总碱微乳剂 1 500 倍液、10%呋喃虫酰肼悬浮剂 750 倍液、5%氟虫脲乳油 2 000~2 500 倍液、5%氟啶脲乳油 2 000~2 500 倍液等进行喷雾防治。施药时注意对正反面均匀喷雾。重发年份,田间虫卵量高,世代重叠,药剂防治须 5~7 天 1 次,连续用药。用药次数视田间着卵情况。需要注意不同种类药剂应轮换使用,以免抗性发展。

21. 如何识别甘蓝夜蛾?

　　甘蓝夜蛾又名甘蓝夜盗蛾。成虫黑色,体长约 20 毫米,属中型蛾类。前翅具有显著的肾形(斑内白色)和环状斑,后翅外缘具有一小黑点。卵产于叶背呈块状,半球形,淡黄色,表面具放射状三序纵棱,棱间具横隔,初产黄白色,孵化前紫黑色。初孵幼虫黑绿色,后体色多变,淡绿至黑褐不等。体节明显。体背各节两侧有黑色条斑,呈倒八字形。第一、二龄幼虫缺前 2 对腹足,行走似尺蠖。蛹棕褐色,臀棘较长,具 2 根长刺,刺端呈球状。

22. 甘蓝夜蛾的为害特点是什么?

　　甘蓝夜蛾除为害白菜、甘蓝等十字花科蔬菜外,也可为害烟草、苜蓿、菠菜、胡萝卜、甜菜及豆类及茄子、马铃薯等作物。初孵幼虫群集叶背取食叶肉,被害叶片残留表皮,呈纱网状。二至三龄时,将叶片咬成孔洞或缺刻。四龄后表现"夜盗"习性,白天躲藏,夜间出来暴食,叶子被害后仅留叶脉及叶柄。较大的幼虫还可以蛀入白菜的叶球内为害,并排泄大量粪便,引起菜球内部腐烂,严重影响蔬菜的品质和质量。大发生时,甘蓝夜蛾的幼虫吃完一片地块的菜株后即成群迁移到邻近田块为害。因此,要特别注意监测。

23. 甘蓝夜蛾有哪些主要的生活习性?

甘蓝夜蛾以蛹在土中越冬,有明显的滞育现象,属短日照滞育型。成虫白天潜伏在菜叶背面或阴暗处,日落后开始出来活动。成虫有趋光性,但不强,而对含糖量较高的糖醋液有较强的趋化性。成虫羽化后1~2天即可交配,交配后2~3天产卵。产卵时,喜将卵产在生长高而密的植株上,卵单层成块位于中、下部叶背,每块60~150粒。成虫的寿命和产卵量与成虫得到的补充营养有密切关系。成虫产卵的适宜温度为21.8℃~25.2℃。幼虫密度不同,有明显的色型变异。幼虫密度加大,体色加深,幼虫发育加速。蛹体变小,重量减轻,蛹期延长,滞育率高,成虫成熟期和产卵期都延长,飞行能力加强。同时幼虫密度大时,还有自相残杀的习性。幼虫发育的最适温度为20℃~24.5℃,全部幼虫可在26~30天内完成发育并化蛹。老熟幼虫入土作茧化蛹,入土深度为6~7厘米,入土愈深,成虫羽化率愈低。蛹的发育适温为20℃~24℃。蛹期一般10天,越夏蛹期约2个月,越冬蛹期可延至半年以上。

24. 甘蓝夜蛾的发生有何规律?

甘蓝夜蛾每年发生世代数因地而异,由北向南代数逐渐增加。如东北地区2~3代,华北地区3~4代等。甘蓝夜蛾喜温暖和偏高湿的气候,温度低于15℃或高于30℃,相对湿度低于65%或高于85%则不利发生,如幼虫在-10℃的温度下,2天即全部死亡。温度18℃~25℃和相对湿度70%~80%时最适于甘蓝夜蛾的生长发育。春秋两季发生猖獗。春季蜜源丰富为越冬代羽化的成虫食源,导致春季大发生;在春秋季雨水较多的年份为害,具间歇性大发生和局部成灾的特点。

25. 如何防治甘蓝夜蛾?

(1)加强测报工作　由于甘蓝夜蛾三龄以后幼虫分散,又常钻入叶球,防治很困难,而在初龄期不仅食量小、耐药性差,并且集中取食,易于用药防治,因此必须做好预测预报工作。

(2)农业防治　菜田收获后进行秋耕或冬耕深翻,铲除杂草可消灭部分越冬蛹,结合农事操作,及时摘除卵块及初龄幼虫聚集的叶片,集中处理。

(3)诱杀　利用成虫的趋光性和趋化性,在羽化期设置黑光灯或糖醋盆(诱液中糖、醋、酒、水比例为 10:1:1:8 或 6:3:1:10)诱杀成虫。

(4)药剂防治　专门登记用于防治甘蓝夜蛾的药剂很少,只有 5%S-氰戊菊酯乳油可稀释 2500 倍液,其他可参照甜菜夜蛾的防治药剂。

26. 如何识别黄曲条跳甲?

黄条跳甲类简称跳甲,俗名狗虱虫、跳蚤虫,菜蚤子。在菜田中有黄曲条跳甲、黄狭条跳甲、黄宽条跳甲、黄直条跳甲 4 种。其中,黄曲条跳甲最为常见,是全国各地普遍发生的十字花科蔬菜主要害虫,尤其是在我国南方各省的菜区常猖獗为害。主要为害油菜、萝卜、白菜、芥菜、菜心、芥蓝和甘蓝等十字花科蔬菜,也能也为害茄果类、瓜类和豆类蔬菜等和粟、大麦、小麦、燕麦、豆类等农作物。可造成幼苗期缺苗断垄,甚至毁种,该虫除直接危害菜株外,还可传播细菌性软腐病和黑腐病,造成更大的危害。其为害十字花科蔬菜后其产量损失一般达 10%~20%,严重的达 30%以上,其为害范围和程度已成为继小菜蛾之后为害十字花科蔬菜的重要害虫之一。

黄曲条跳甲成虫体长 1.5~2.4 毫米,黑色有光泽,前胸背板及鞘翅上有许多刻点,鞘翅上各有一条略似弓型的黄色纵斑,色斑中部狭而弯曲。后足腿节膨大,十分善跳,胫节、跗节黄褐色。卵长约 0.3 毫米,椭圆形,初产时淡黄色,半透明,孵化前姜黄色。幼虫共 3 龄,体乳白色或黄白色,长圆筒形;老熟时体长约 4 毫米,黄白色,头部、前胸盾片和腹末臀板淡褐色,仅有 3 对胸足,各节具不很突出的肉瘤,上生有细毛。蛹长约 2 毫米,椭圆形,乳白色,羽化前淡褐色;头部隐于翅芽下面,翅芽和足达第五腹节,胸部背面有稀疏的褐色刚毛。腹末有 1 对叉状突起,叉端褐色。

27. 黄条跳甲有哪些主要生活习性?

黄条跳甲以成虫在落叶、杂草中潜伏越冬。翌春气温达 10℃以上开始取食,达 20℃时食量大增。成虫活泼,善于跳跃,高温时还能飞翔,以中午前后活动最盛。有假死习性,对黑光灯敏感,对黄色有趋性。成虫有群集取食和趋嫩习性。春秋季早晚或阴天躲在叶背或土块下,在中午前后活动最盛,夏季多在早晨和傍晚活动,34℃入土蛰伏。

成虫常在两叶交接处、菜心内或贴地菜叶背面取食,使叶片布满稠密的椭圆形小孔洞,影响光合作用,严重时菜苗枯死。还可把留种株的嫩荚表面、果柄、嫩梢咬成疤痕或咬断。成虫寿命长,平均 30~50 天,产卵期可延续 1 个月以上,平均每雌产卵 200 粒左右,因此造成世代重叠,发生不整齐。卵散产于植株根部附近湿润的土隙中或细根上,平均每雌产卵 200 粒左右。20℃下卵发育历期 4~9 天。幼虫需在高湿(相对湿度 100%)情况下才能孵化,因而近沟边的地里多,而条件不适造成大量卵死亡。幼虫孵化后在 3~5 厘米的表土层为害菜根、啃食根皮等,可咬断须根,幼虫(3 个龄期)发育历期达 11～16 天。老熟幼虫在 3～7 厘米深的土中筑土室化蛹,蛹期约 20 天。

28. 黄条跳甲的发生有何规律?

黄曲条跳甲在我国 1 年发生 4～8 代;黑龙江、青海 1 年发生 2～3 代,华北 4～5 代,华东 4～6 代,华中 5～7 代,华南 7～8 代。

黄曲条跳甲在北方和江浙地区,以成虫在田间、沟边的落叶、杂草及土缝中越冬。但在长江以南冬季温暖时,越冬成虫仍可活动取食。在华南地区则无越冬现象,终年都可繁殖为害。南方地区每年有春季和秋季 2 个为害高峰期,而北方地区常由于秋季蔬菜较多(特别十字花科菜较多),食料丰富,温湿度非常适宜,因此秋季为害严重。一般来说,南方地区受害程度明显重于北方,秋菜重于春菜,湿度高的菜田重于湿度低的菜田。江浙地区 5 月中下旬至 7 月上中旬和 9～10 月份对棚室和露地蔬菜为害较重。深圳、广州 4 月上旬至 5 月下旬出现春季虫口高峰,6 月上旬至 8 月下旬因雨季种群数量迅速减少,9 月中旬至 12 月上旬出现秋季虫口高峰,虫口高峰一般是春季的 2.5 倍;12 月下旬至翌年 3 月下旬,其种群数量维持在较低水平。

29. 如何防治黄条跳甲?

防治黄曲条跳甲需采取综合防治措施,防控幼虫和成虫相结合进行。药剂防治成虫的参考指标为,菜苗被害率达 10%～20%,平均每百株有成虫 1～2 头;定植后植株的被害率达 20%,平均单株有成虫 0.5 头。

(1)农业防治　黄曲条跳甲偏食十字花科作物,与非十字花科蔬菜作物进行合理轮作,可明显减少幼虫数量并减轻为害。在防虫棚室采用营养盘法培育无虫苗。前茬蔬菜收获后深翻晒土并密闭棚室,待表土晒白后再播种或定植菜苗,造成不利于幼虫生存的条件,并可杀灭部分蛹。收获后清除棚室和田间残枝落叶,铲除杂草,压低虫源,消除其越冬场所。对准备耕作的菜地,提前两周翻晒,清除杂草、残菜叶等害虫食料。适当水旱轮作,通过与水稻轮作,降低虫口基数。

(2)物理防治　棚室蔬菜栽培覆盖防虫网,阻止成虫从露地菜田迁入。每667平方米挂黄色粘板(40厘米×25厘米),底部距地面25厘米诱捕的效果好。成虫具有趋光性及对黑光灯敏感的特点,可使用黑光灯进行诱杀。

(3)药剂防治　防治跳甲的关键是要标本兼治,以防治土壤中幼虫为重点,也要结合杀死地上部的成虫。

①土壤和种子处理　在播种或定植时每667平方米用3%辛硫磷颗粒剂4～5千克,或5%辛硫磷颗粒剂2～3千克顺沟均匀撒施或穴施;也可用50%辛硫磷乳油300～350克,对水5倍稀释后喷在细干土(5～10千克)上施用。或者在移栽前,采用30%噻虫嗪·氯虫苯甲酰胺悬浮剂1500～3000倍液对苗床进行喷淋或者灌根处理。

②生长期防治　可选用10%吡虫啉可湿性粉剂1000倍液,或25%噻虫嗪水分散粒剂3000倍液,或90%晶体敌百虫800倍液,或45%马拉硫磷乳油1500～2000倍液,或48%毒死蜱乳油1000倍液,或10%氯氰菊酯乳油1000倍液,或2.5%溴氰菊酯乳油1000～2500倍液,或90%杀螟丹可湿性粉剂1000～2000倍液,或25%啶虫·毒死蜱微乳剂800倍液,或21%增效氰·马乳油3000倍液喷雾。

③药杀成虫　用上述有机磷或菊酯类药剂或52%毒死蜱·氯氰菊酯乳油800～1000倍液,或5%氟虫脲乳油1000～2000倍液,或2.5%多杀菌素2000乳油倍液等,当成虫开始活动而尚未产卵时喷施为适期。注意要先在田块四周喷药,形成药剂包围圈,防止成虫逃窜。

30. 如何识别菜螟?

菜螟属鳞翅目螟蛾科,又名白菜螟、钻心虫等。成虫为灰褐色小蛾,体长约 7 毫米,前翅有 3 条灰白色波状纹,前翅中央还有 1 个灰黑色肾状纹。卵扁椭圆形,表面有不规则网状纹,初产时淡黄色,后逐渐出现红色斑点。幼虫头部黑色,胸腹部淡黄色或浅黄绿色。腹部各节背侧着生毛瘤 2 排,前排 8 个,后排 2 个。蛹黄棕褐色,腹部背面隐约可见 5 条纵纹,蛹体外有丝茧,外附泥土。

31. 菜螟的为害特点是什么?

菜螟是一种钻蛀性害虫,初孵幼虫潜叶为害,隧道宽且短;二龄后穿出叶面,在叶面上活动;三龄幼虫吐丝缀合心叶,在叶内取食,使心叶枯死不能出新叶;四至五龄幼虫可由心叶或叶柄蛀入茎髓或根部,蛀孔显著,形成粗短的袋状隧道,孔外缀有细丝,并排出潮湿的粪便,受害苗枯死或叶柄腐烂。幼虫可转株危害 4～5 株。被害白菜由于中心生长点被破坏而停止生长,形成多头菜、小叶丛生、无心苗等现象,不能包心,致使植株停滞生长,或根部不能加粗生长,最后全株枯萎,整株蔬菜失去利用价值。并能传播软腐病,使菜株腐烂死亡,造成更大减产。

32. 菜螟有哪些主要的生活习性?

菜螟的成虫在白菜上的产卵部位有明显的选择性,通常喜欢在初出土幼苗新长出来的 1～3 片真叶背面的皱凹处。成虫寿命 5～7 天,昼伏夜出,趋光性不强,飞翔力弱。卵期 2～5 天,幼虫期一般 9～16 天,蛹期 4～9 天。幼虫有转株为害的习性,当一植株被害枯萎后即转害附近菜株。当幼虫老熟后即爬到植株的根部附近的土中或地面吐丝缀合土粒、枯叶做成丝囊越冬(少数以蛹越冬),有时直接在被害株的心叶中化蛹,越冬幼虫于翌年春暖时多在土内作茧化蛹。

33. 菜螟的发生有何规律？

菜螟在我国的发生世代因地而异，由北向南逐渐增多。北方每年发生 3～4 代，长江流域 6～7 代，华南地区 9 代，以 8～10 月份为害最重。在广州地区，该虫整年均可发生危害，无明显越冬现象，但常年以 8～10 月份发生数量最多，此时以花椰菜受害较重，9～11 月份以早播萝卜受害重，白菜类 4～11 月份均受害较重。

菜螟喜高温低湿的环境，平均气温 24℃ 左右、相对湿度 67% 时最适宜菜螟的生长发育。秋季能否造成猖獗为害与这一时期的降雨量、湿度和温度密切相关，一般秋季高温干燥，有利于菜螟发生。另外，该虫的发生与秋冬蔬菜播种期的早晚也有密切关系，早播的一般都偏重，晚播的偏轻。

34. 如何防治菜螟？

(1) 农业防治　蔬菜收获后，清除残株落叶，并进行深耕，消灭幼虫和蛹。适当调节播种期，将受害最重的幼苗 3～5 叶期与菜螟产卵及幼虫危害盛期错开。适当浇水，增加田间湿度，有利菜苗生长又有抑制菜螟为害的作用。

(2) 物理防治　结合间苗、定苗，拔除虫苗进行处理，根据幼虫吐丝结网和群集危害的习性，发现菜心被丝缠住，及时人工捏杀心叶中的幼虫，起到省工、省时、收效大的效果。

(3) 药剂防治　应尽早在一至二龄幼虫期进行，三龄以后幼虫吐丝缀合心叶和掩盖蛀孔，药物不易与虫体接触，以卵盛期后 2～5 天或初见心叶被害时防治。

药剂可选用 10% 虫酰肼(除尽)悬浮剂 2 000～2 500 倍液，或 24% 甲氧虫酰肼(美满)悬浮剂 2 000～2 500 倍液，或 90% 敌百虫晶体 1 000 倍液，或 52.25% 农地乐乳油 1 000 倍液，或 50% 辛硫磷乳油1 000倍液,或4.5%高效氯氰菊酯乳油2 000倍液,或2.5%高效氯氟氰菊酯乳油3 000倍液,或2.5%溴氰菊酯乳油3 000倍液或20%菊·杀乳油2 500倍液进行防治,交替喷施2~3次,隔7~10天1次。

35. 如何识别桃蚜?

桃蚜别名腻虫、烟蚜、桃赤蚜、油旱。各地分布广泛,是广食性害虫,寄主植物约350种以上。桃蚜营转主寄生生活周期,其中冬寄主(原生寄主)植物主要有梨、桃、李、梅、樱桃等蔷薇科果树等;夏寄主(次生寄主)作物主要有白菜、甘蓝、萝卜、芥菜、芸苔、芜菁、甜椒、辣椒和菠菜等多种作物。

桃蚜是蔬菜生产中重要的蚜虫类害虫之一,常与萝卜蚜及甘蓝蚜、棉蚜等混发。成、若蚜群集寄主心叶、叶片背面吸食汁液,造成菜株失水、生长停滞,甚至萎缩干枯;还大量分泌蜜露污染蔬菜,诱发煤污病,阻碍植物正常的呼吸作用和光合作用。同时,桃蚜还是番茄、甜(辣)椒病毒病的传播媒介,造成病毒病流行的损害远大于蚜虫的刺吸为害。

有翅胎生雌蚜体长约2.2毫米,头、胸部黑色,体无白粉。额瘤内倾,触角长,与体长相同,触角第三节有9~17(多数为12~15)个排成1列的感觉圈。腹部淡暗绿色,边缘有褐色斑块,腹背中央有一黑褐色大斑块,其两侧各有小黑斑1列,腹管长,中后部略膨大,末端有明显缢缩,具覆瓦状纹,尾片黑色,短小。

无翅胎生雌蚜体长1.4~2毫米,体绿色、黄绿色或红褐色等,一般高温时绿色、黄绿色型多,低温时红褐色型多。触角第3节无感觉圈,其余同有翅胎生雌蚜。

36. 桃蚜有哪些主要生活习性?

桃蚜在南方亚热带地区可周年繁殖,没有越冬现象。在北方地区有 2 种越冬方式,一种是两性蚜产卵后在越冬寄主桃树(桃蚜)、花椒和木槿树(瓜-棉蚜)上越冬;另一种是在不加温的保护地中,当环境温度低于发育所需温度时即在保护地里面越冬,或在露地背风向阳的温暖地带(桃蚜)越冬。

桃蚜营孤雌胎生和有性卵生两种方式,在北方露地、保护地和南方亚热带地区,孤雌胎生是主要繁殖方式。温带和寒带地区,在秋季天气转冷的季节产生有翅蚜迁到越冬寄主植物桃树(桃蚜)、花椒、木槿(棉蚜)上,产生两性蚜,雌雄经过交配后产下越冬卵越冬,翌年春天卵孵化出小蚜虫,称其为干母。该干母产生的后代在越冬寄主上繁殖数代后(大约 2 个月)迁往其他寄主,进入秋季之前决不回迁。该虫有翅型对橘黄色有很强的趋性,对银灰色有忌避性。桃蚜的发育起点温度为 4.3℃,最适温度 24℃,高于 28℃对发育不利。相对湿度在 40% 以下和 80% 以上不利于其生长发育。当温度自 9.9℃ 升至 25℃ 时,平均发育历期由 24.5 天缩短至 8 天。

37. 桃蚜的发生有何规律?

桃蚜在华北地区 1 年可发生 10 余代,南方则多达 30~40 代。露地桃蚜早春 4 月初即开始发生,冬季在保护地尤其是加温温室和日光温室中进行为害的桃蚜,成为早春露地的发生虫源。在保护地中桃蚜一般早春 2 月种群就开始上升,3~5 月份为高峰期,秋季 10~12 月份也是种群上升时期。因此,桃蚜在华北地区露地环境下呈现春季和秋季两个明显的高峰期,春季发生量大,秋季小,夏季明显少。除了夏季 7~8 月份外,桃蚜全年都在保护地和露地间交替为害。

完成生活周期有 2 种类型:桃蚜全年在蔬菜或其他草本寄主上胎生繁殖称为不全周期型;秋末冬初迁飞到桃树上产卵越冬,温暖季节迁回蔬菜等草本寄主,称为全周期型。各地越冬卵的孵化期不一致,华北地区在 2 月下旬至 3 月上旬,早春桃芽萌动至开花期越冬卵孵化,若虫为害嫩芽。初夏时节为繁殖盛期,为害强烈,繁殖几代后产生有翅蚜,迁飞到蔬菜等寄主上继续为害。

38. 如何防治桃蚜?

(1)农业防治　选择抗蚜品种,清除田边和田内杂草。在蔬菜行间每隔 2～3 米种植高秆作物,如甜椒中套种玉米,可招引有翅蚜虫在上面着落并试食,试食后的蚜虫口针可脱去大部分非持久性病毒。

(2)物理防治　黄板诱杀有翅成虫,保护地内每 667 平方米均匀悬挂黄板 20 片,规格 40 厘米×25 厘米,高度与植株上部持平,可双面诱捕有翅蚜达 2 个月之久,既可监测虫情又可到防治蚜虫;或用黄板及黄色塑料瓶等,涂抹 10 号机油和凡士林混合物,一般 7～10 天需涂抹 1 次,挂于田间诱集蚜虫。也可利用有翅蚜虫对银灰色的拒避作用,在露地和保护地地表覆盖银灰色地膜,抑制有翅蚜虫的着落和定居,减少蚜虫传播病毒。

(3)生物防治　可以应用人工繁殖释放食蚜瘿蚊、瓢虫和草蛉等方式控制蚜虫。具体方法是在蚜虫发生初期,按天敌与蚜虫比值为 1∶20,释放食蚜瘿蚊的蛹,其成虫羽化后搜寻蚜虫并在体内产卵,以幼虫寄生蚜虫控制其为害。在蚜虫数量上升迅速、蚜量较大时释放瓢虫成虫,释放量应视田间具体虫量而定,蚜虫和瓢虫的比例以 50∶1 为宜。

(4)化学防治　化学防治在桃蚜高密度下仍然是主要控制手段。但在药剂选用方面,选择高效、专一性强的杀蚜剂如 50%辟蚜雾(抗蚜威)可湿性粉剂 2 000～3 000 倍液,以保护田间自然天敌的种类和数量,使用该药防治的大白菜于采收前 11 天停止用药。

其他常用的药剂有 10%吡虫啉可湿性粉剂 3 000 倍液,或 25%噻虫嗪水分散粒剂 4 000～6 000 倍液,或 20%唑蚜威可湿性粉剂 1 500 倍液、或 5％烯啶虫胺水剂、或 5％啶虫脒乳油 3 000 倍液，或 1％印楝素水剂 800 倍液，或 0.65％苦蒿素水剂 500 倍液，或 2.5％高效氯氟氰菊酯乳油 3 000 倍液，或 2.5％溴氰菊酯乳油 3 000 倍液或 20％菊·杀乳油 2 500 倍液等。目前，吡虫啉、菊酯类药剂对桃蚜防治效果有所下降，应注意合理、轮换用药。

39. 如何识别萝卜蚜？

萝卜蚜又名菜蚜、菜缢管蚜。主要为害白菜、油菜、萝卜、芥菜、青菜、菜苔、甘蓝、花椰菜、芜菁等十字花科蔬菜，偏嗜白菜及芥菜型油菜。

主要以成虫及若虫刺吸植物汁液，造成危害部位卷缩变形。在蔬菜叶背或留种株的嫩梢、嫩叶上为害，造成节间变短、弯曲，幼叶向下畸形卷缩，使植株矮小，影响包心或结球，造成减产。留种菜受害不能正常抽薹、开花和结籽。其亦可传播多种病毒病，造成的危害远远大于蚜害本身。

(1)有翅成虫　体长 2.1 毫米，长卵圆形，头、胸黑色，腹部深绿色。1～6 腹节各有独立缘斑，腹管前后斑愈合，第一节有背中窄横带，第五节有小型中斑，6～8 节各有横带，第六节横带不规则。触角较短，约为体长的 1/2。触角 3～5 节依次有圆形次生感觉圈 21～29 个、7～14 个、0～4 个。

(2)无翅胎生雌蚜　体长 2.3 毫米，宽 1.3 毫米，体色灰绿至黑绿色，被薄粉。表皮粗糙，有菱形网纹。腹管长筒形，顶端收缩，长度为尾片的 1.7 倍。尾片有长毛 4～6 根。

40. 萝卜蚜有哪些主要生活习性？

该虫在长江以北地区，在蔬菜上产卵越冬。翌春 3～4 月份孵化为干母，在越冬寄主上繁殖几代后，产生有翅蚜，向其他蔬菜上转移，扩大为害，无转换寄主的习性。到晚秋，部分产生性蚜，交配产卵越冬。每头雌蚜可产仔蚜约 50～85 头。萝卜蚜比桃蚜对温度的适应范围更广,但桃蚜比萝卜蚜更耐低温,而萝卜蚜比桃蚜更耐高温。在较低温的情况下,萝卜蚜发育快(9.3℃时 17.5 天,而桃蚜在 9.9℃需 24.5 天)。当平均温度在 30℃以上或 6℃以下、相对湿度小于 40%和大于 80%时,会引起蚜量迅速下降。

蚜虫在迁飞扩散过程中,能传播多种蔬菜病毒病,所传播的病毒多数为非持久性病毒,这类病毒在植株内分布较浅,蚜虫只需短时间的试探取食就可获毒、传毒,速度很快。有翅蚜对黄色有正趋性,而对银灰色则有负趋性。且具有趋嫩性,常聚集在十字花科蔬菜的心叶及花序上为害。萝卜蚜寄主虽然以十字花科为主,但尤喜白菜、萝卜等叶上有毛的蔬菜。因此,全年以秋季在白菜、萝卜上的发生最为严重。

41. 萝卜蚜的发生有何规律?

萝卜蚜在我国各地的发生世代数不等,在广西地区 1 年发生 25～30 代,终年以无翅胎生雌蚜繁殖,无明显越冬现象。华南地区 1 年可发生 46 代,北方地区可发生 10～20 代,世代重叠极为严重。在温暖地区以无翅雌蚜在菜心及杂草上越冬,在寒冷地区以孤雌蚜或卵在秋白菜上越冬。在温室内,可终年胎生繁殖为害。萝卜蚜主要在露地的 6～9 月份为害,一般有春、秋两个发生高峰期,发生数量是春季小、秋季大,发生量大时单株虫量常在千头以上。由于萝卜蚜嗜食白菜、黄芽白(洋白菜)、萝卜,在这些蔬菜的生长中期,蚜虫数量最多,而在上述菜株的移植初期或生长后期,蚜量明显较少。

42. 如何防治萝卜蚜?

(1)农业防治　选用抗虫、抗病毒的高产、优质品种,在网室内育苗,防止蚜虫为害菜苗、传播病毒病,是经济有效的防虫防病措施。夏季可少种或不种十字花科蔬菜,以减少或切断秋菜的蚜源和毒源。蔬菜收获后,及时处理残株落叶;种植后做好隔离,防止蚜虫迁入繁殖为害。在露地菜田夹种玉米,以玉米作屏障阻挡有翅蚜迁入繁殖为害,可减轻和推迟病毒病的发生。

(2)物理防治　设施栽培时,提倡采用防虫纱网,主防蚜虫、兼防小菜蛾、菜青虫、甘蓝夜蛾、斜纹夜蛾、猿叶虫、黄条跳甲等。根据蚜虫对银灰色的负趋性和黄色的正趋性,采用覆盖银灰色塑料薄膜,以避蚜防病,还可采用悬挂黄板诱杀有翅蚜;

(3)生物防治　释放食蚜瘿蚊,具体方法可参照桃蚜的生物防治部分;

(4)化学防治　10%绿噻啉可湿性粉剂,每 667 平方米 14～20 克用量(稀释 3 000～5 000 倍)防治效果较好。如 50%高渗抗蚜威,50%的辟蚜雾(成分为抗蚜威)可湿性粉剂 2 000～3 000 倍液有效,其他药剂见桃蚜防治部分。

43. 如何识别豌豆彩潜蝇?

豌豆彩潜蝇又称豌豆潜叶蝇、豌豆植潜蝇、油菜潜叶蝇,俗称夹叶虫、叶蛆等。我国除西藏外的其他各省均有分布。寄主植物有 20 多科 130 余种,主要为害豌豆、蚕豆、油菜、白菜、芥菜、萝卜、莴苣、茼蒿、番茄、马铃薯、黄瓜和西瓜等。幼虫潜食叶肉,形成蛇行弯曲的白色或灰白色隧道,并在隧道内留下颗粒状散生虫粪。虫道一般出现在叶片背面,植株下部叶片多,严重时虫道密布造成叶片干枯脱落,严重影响蔬菜产量和食用品质。

成虫体长 1.8～2.7 毫米,全身暗灰色有稀疏刚毛,头部黄色。复眼椭圆形,红褐色。仅具一对前翅,透明,长约 3 毫米,有彩虹反光。中胸近黑色,各腹节之后缘及腿节之末端黄色。卵长椭圆形,乳白色,长约 0.3 毫米。幼虫共 3 龄,蛆形,末龄幼虫乳白色或者黄色,长约 3 毫米,半透明。前气门成叉状在前端伸出,后气门在腹末背面伸出。有一对明显的小突起,末端褐色。蛹长椭圆形,黄褐至黑褐色,长约2毫米。

44. 豌豆彩潜蝇有哪些主要生活习性?

豌豆彩潜叶蝇成虫白天活动,吸食花蜜补充营养,交配产卵,受惊吓常作螺旋状飞行。喜欢产卵于嫩叶背面的边缘,先刺破表皮,然后产卵,产卵处呈现灰白色小斑点。每头雌虫可产卵50～100粒,卵单粒散生。卵期在春季为10天左右,夏季为4～5天。卵孵化后,初孵幼虫在叶片内潜食危害。严重时,一个叶片能多达数十条幼虫,幼虫期一般为5～15天,老熟时先咬破表皮成羽化孔,然后化蛹,蛹期为10～20天。

雌虫较耐寒,但是不耐高温。一般成虫的适宜温度为16℃～18℃,幼虫以20℃左右为宜,高温对豌豆潜叶蝇的发育不利,夏季气温高于35℃时幼虫会出现停止生长,因而自然死亡率高,或出现化蛹越夏现象。在13℃～15℃时,卵期3.9天,幼虫期11天,蛹期15天;在23℃～28℃时,则分别为2.5天、5.2天和6.8天。豌豆彩潜蝇在受到寄主胁迫时,能够迅速扩大寄主,并在新寄主上快速适应并进行为害。

45. 豌豆彩潜蝇的发生有何规律?

豌豆彩潜蝇在我国北方地区5～6月份为害最重,而南方地区4～5月份为害最重。

在杭州1年发生10～12代,世代重叠明显,可周年发生。

在广西1年发生20代以上,也无明显越冬现象。南北各地均从早春起开始为害,虫口数量逐渐上升,春末夏初为害猖獗。春、秋、冬季主要为害大棚和露地豌豆、油菜、青菜、萝卜、茼蒿等多种蔬菜,春季为发生为害盛期。夏季高温虫量迅速减少,只有少数蛹越夏。

在江苏扬州地区,豌豆彩潜蝇为春秋季多发型,常在大田蔬菜上发生为害,夏季随着温度升高,转移到大田杂草上化蛹,秋季温度减低又回到蔬菜上发生为害,但此时数量较春季大为降低,冬季可在大棚内继续发生,也可在露地蔬菜寄主的叶片上以蛹越冬。

在辽宁1年发生4～5代,以蛹在露地受害的叶片内越冬,也可在日光温室蔬菜繁殖为害。越冬代成虫于第二年春季出现,主要危害阳畦菜苗,棚室和露地采种的十字花科蔬菜、油菜和豌豆等,以后随着寄主植物的增加而扩大危害对象。夏季气温高时种群数量明显下降,到秋天又开始活动。

该虫发生为害还与当地种植制度有密切关系,在青海等地春播粒用豌豆生产基地,由于虫源多和春棚嫩荚豌豆的环境条件有利,常受到该虫严重为害,可减产30%以上。豌豆潜叶蝇发生为害的轻重,常受到天气(温湿度)、寄主作物和蜜源植物以及寄生天敌的影响。

46. 如何防治豌豆彩潜蝇?

(1)农业防治　早春及时清除菜田内和田边杂草及带虫的蔬菜植株基部老叶。蔬菜收获后及时进行田园清洁,集中销毁带有幼虫和蛹的叶片,以减少下代及越冬的虫源基数。

(2)药剂防治　利用成虫吸食花蜜的习性,用30%的糖水加0.05%的敌百虫诱杀成虫。幼虫防治时机应抓住幼虫的初龄阶段,即在大部分幼虫尚未钻蛀隧道、或者隧道较小时进行施药防治,这时药剂易发挥作用。

药剂可选择10%灭蝇胺悬浮剂800倍液,或40%灭蝇胺可湿性粉剂3000倍液,持效期10～15天。或10%溴虫腈悬浮剂1000倍液,或1.8%阿维菌素乳油2500～3000倍液,或5%氟虫脲乳油3000倍液,或40%阿维·敌畏乳油1000倍液,或4.5%高效氯氰菊酯乳油1000～1500倍液,或2.5%高效氯氟氰菊酯乳油

2 000 倍液,或 18％杀虫双水剂 300 倍液,或 0.5％楝素乳油 800 倍液,或 20％阿维·杀单微乳剂 1 000 倍液,或 2.4％阿维·高氯微乳剂 1 000～2 000 倍液等。

防治成虫一般在早晨晨露未干前施药为好,防治幼虫以一至二龄期施药最佳(虫道很小时),通常植株在苗期 2～4 片叶或查出一片叶上有 3～5 头幼虫时,进行喷药防治。隔 6～7 天防治 1 次,连续 3～4 次注意轮换使用各种药剂,以免产生抗药性。

47. 如何识别银纹夜蛾?

银纹夜蛾又名豆尺蠖、大豆造桥虫等。成虫体灰褐色,前翅深褐色,具 2 条银色横纹,翅中有一显著的"U"形银纹和一个近三角形银斑。后翅暗褐色,有金属光泽。卵半球形,初产乳白色,后为淡黄至紫色,从顶端向四周放射出隆起纹。老熟幼虫体长 30 毫米左右。第一对和第二对腹足退化消失,行走时体背拱曲,故有造桥虫之称,背面有白色细小的纵线 6 条。蛹纺锤形,初期背面褐色,腹面绿色,末期整体黑褐色,结薄茧。

主要以幼虫取食叶片,多在夜间为害,初龄幼虫隐避于叶背剥食叶肉,残留上表皮,三龄后将菜叶吃成孔洞或缺刻,并排泄粪便污染菜株。

48. 银纹夜蛾有哪些生活习性和发生规律?

成虫昼伏夜出,趋光性强,趋化性弱。卵多散产在植株上部叶的背面,初孵幼虫在叶背取食叶肉,残留上表皮,大龄幼虫有假死习性,幼虫老熟后多在叶背吐丝结茧化蛹,以蛹越冬。

银纹夜蛾的发生从北向南发生代数逐渐增多,河北、山西北部 1 年发生 2 代,河南、山东 1 年发生 4～5 代,第一、第五代幼虫分别为害春、秋十字花科蔬菜。杭州 1 年发生 4 代,湖南 1 年 6 代,广州 7 代。每年春、秋季与菜青虫、小菜蛾混合发生,呈双峰型,但虫口数量远低于前两种。银纹夜蛾的发生为害程度主要受虫源和温湿度条件的影响,如果降雨量/温度的比值在 3.5 以上,有利于幼虫的大发生,在卵期和初龄幼虫期下暴雨,则不利发生。通常田间生长茂密的田块为害重。

49. 如何防治银纹夜蛾?

(1)农业防治　加强田间栽培管理,清除枯枝落叶,以减少来年的虫口基数。

(2)诱杀　利用成虫的趋光性,利用黑光灯于成虫发生期内可诱杀大量银纹夜蛾,使虫害率显著降低。

(3)化学防治　银纹夜蛾在田间发生数量较低,一般不单独喷药防治。可在防治菜青虫、小菜蛾时兼治此虫。

50. 如何识别黄翅菜叶蜂?

为害蔬菜的菜叶蜂有 5 种:黄翅菜叶蜂、黑翅菜叶蜂、新疆菜叶蜂、黑斑菜叶蜂和日本菜叶蜂。其中以黄翅菜叶蜂分布最广(新疆、西藏外的其他全国各地均有)、为害最重,主要为害十字花科蔬菜,以白菜、萝卜受害较重。黄翅菜叶蜂又名油菜叶蜂、芜菁叶蜂,俗称为黑虫子、菜黑虫。

(1)成虫　体长 6~8 毫米,触角 9 节,黑色,雄性基部有 2 节淡黄色。头部、前胸侧板、中、后胸背面两侧均为黑色,其余各节为橙黄色,但胫节端部及各跗节端部为黑色;翅黄色,越往端部黄色越浅,翅尖透明,前翅前缘有黑色带与翅痣相连。腹部橙黄色,雌虫腹末有短小的黑色产卵器。

(2)卵　近圆形,卵壳光滑,长约 0.8 毫米,初产乳白色,渐变淡黄色。

(3)幼虫　分 5 龄,初龄幼虫淡绿褐色,后渐呈绿黑色,末龄幼虫体长 16 毫米左右,头部黑色多毛。体蓝黑色,各体节有很多皱纹及许多小突起,胸部较粗,腹部较细,胸足 3 对,腹足 7 对,尾足 1 对。

(4)蛹 头部黑色,蛹体初为黄白色,后为橙色。虫茧长椭圆形。

51. 黄翅菜叶蜂有哪些主要生活习性?

幼虫为害叶片,初孵化时,啃食叶肉,使叶片呈纱布状。稍大后将叶片吃成孔洞或缺刻。严重时把叶片吃光,仅剩叶脉。也可为害嫩茎、花和嫩荚。少数可啃食根部。

成虫在晴朗高温的白天极为活跃,交配产卵,卵产入叶缘组织内呈小隆起,每处 1~4 粒,常在叶缘产成一排,雌虫和雄虫比例为 3∶1,每雌可产 40~150 粒。

卵发育历期在春、秋季为 11~14 天,夏季为 6~9 天。

幼虫共 5 龄,早晚活动取食,五龄幼虫取食量最大;幼虫发育历期 10~36 天,一至三龄幼虫多躲藏在叶背,不易被发现,老熟幼虫潜入 1~11 厘米土层中化蛹,前蛹期 5~21 天,蛹期 7~25 天,暴露于土面的蛹在自然光照射下自然死亡率很高。

成虫初羽化时在土面爬行数分钟才能飞翔,晴天飞翔能力强。黄翅菜叶蜂也可营孤雌生殖,后代多为雄性。成、幼虫均具有假死习性。成虫雨天、阴天假死性较强,晴天较弱。成虫白天活动,雨天不活动。

52. 黄翅菜叶蜂的发生有何规律?

华北地区 1 年发生 4~5 代,翌年 5 月上中旬可见成虫。露地各代发生时间:第一代 5 月上旬至 6 月中旬,第二代 6 月上旬至 7 月中旬,第三代 7 月上旬至 8 月下旬,第四代 8 月中旬至 10 月中旬。10 月幼虫老熟后在土中结茧化蛹越冬。保护地 3 月底至 4 月份成虫即可羽化出土,越冬幼虫可延迟到 11 月中旬入土。而在河北承德地区,1 年发生 4～5 代,越冬成虫最早可于 4 月上旬出现,为害期较长(6～9 月份)。

该虫在青海省 1 年发生 2～3 代,越冬代成虫出土很不整齐,6～8 月份可见成虫出现。在河南郑州 1 年发生 5 代,4 月上中旬可见成虫。成虫在羽化后 2～3 天,即交尾产卵。卵单个散产于十字花科植物叶组织中。卵经 1～2 周孵化,幼虫在叶片上蛀孔取食。孵化后,由叶边缘不规则地取食。幼虫经 10～20 天老熟,在土中化蛹。每年在春秋季均能为害,但以秋季 8～9 月份为害较重。

近年来,在反季节春大白菜生产中为害呈现上升趋势,局部地区甚至暴发成灾。生产上地势低洼积水、排水不良、土壤潮湿,植株种植密度大、株、行间郁敝、通风透光不好,易发生虫害。高温、少雨的气候有利于虫害的发生与发展。

53. 黄翅菜叶蜂在十字花科蔬菜上的为害症状是什么?

十字花科作物均可受到黄翅菜叶蜂的为害,一般作物定植后一个月后表现症状。开始时地上部分生长不良,白天菜株萎蔫,叶片逐渐变黄至紫红色,最后枯死。主根、须根、侧根上产生大小不同的根肿瘤。主根上部肿瘤大如鸡蛋,侧根肿瘤成指形,须根肿瘤小成串,肿瘤开始表面乳白色、光滑,后变褐色、粗糙、龟裂,最后腐烂发臭,后期根瘤变褐色,易与根结线虫区分。严重时则引起缺株和烂菜。

54. 如何防治黄翅菜叶蜂?

(1)农业防治 秋冬季节深翻土壤,破坏越冬蛹室;十字花科蔬菜收获后,及时中耕、清除田间杂草、残枝落叶等,使虫茧暴露或破坏,可减少虫源。利用其假死习性,清晨用浅口容器接在叶片下,容器内盛水和泥,振动植株和叶片,使其落入容器内,集中杀死。成虫发生期每天 10～17 时用捕虫网在田间或地边杂草上捕抓。可以和非十字花科作物轮作,能水旱轮作更好。易受害的油菜、白菜和萝卜等应早播,躲过幼虫大发生期或幼虫发生期时,植株已长大,可减轻受害。

(2)药剂防治 幼虫发生期可用 20%灭幼脲悬浮剂 2 000 倍液,或 5%氟虫脲乳油或 4.2%高氯·甲维盐微乳剂 1 500 倍液,或 5%氟啶脲乳油 2 500 倍液在傍晚喷洒防治。或选用 20%S-氰戊菊酯乳油,或 5.7%氟氯氰菊酯 3 000～4 000 倍,或 50%辛硫磷乳油 1 000 倍液,或 35%伏杀磷乳油 1 000 倍液,或 2.5%溴氰菊酯乳油、10%二氯苯醚菊酯乳油 2 000～3 000 倍液喷雾。也可用 2.5%敌百虫粉剂喷粉,每公顷用 15～22.5 千克。在三龄以前防治效果较好,早晨和下午喷施药为佳。

55. 如何识别根蛆?

根蛆是种蝇的幼虫,俗称地蛆、菜蛆、小粪蝇等。我国危害大白菜常见的根蛆主要有 3 种:灰地种蝇在我国各地均有分布;萝卜地种蝇分布北方菜区,北起黑龙江、内蒙古、新疆,南至河南郑州、陕西渭河以北;毛尾地种蝇(别名小萝卜蝇)局限于黑龙江省哈尔滨以北,内蒙古局部地区。

(1)灰地种蝇

①成虫 体长 4～6 毫米,体色灰黄至褐色。头部银灰色,雄虫两复眼几乎相连,触角黑色,触角芒长于触角。腹部背面中央有 1 条隐约的黑色纵带,各腹节间有 1 黑色横纹。前翅基背面毛短,不及盾间沟后背中毛的 1/2 长,纵脉直伸达翅缘。后足胫节内下方密生一列等长、末端稍弯曲的短毛。雌虫两复眼间的距离约为头宽的 1/3,中足胫节外上方有 1 根刚毛。

②卵 长 1～1.6 毫米,长椭圆形,稍弯,乳白色,表面有网状纹。

③幼虫 老熟时体长 8～10 毫米,蛆形,前端细后端粗,乳白色略带淡黄色。头退化,仅有 1 黑色口钩。腹部末端截断状,尾节有 1 对明显的气门,具 7 对肉质突起,1、2 对等高,5、6 对几乎等长,第七对很小。

④蛹 长 4～5 毫米,围蛹,长椭圆形,红褐色,尾端可见 7 对突起。

(2)萝卜地种蝇

①成虫 体长 6～8 毫米,雄蝇暗褐色,两复眼间距是前单眼宽度的 2 倍以上,后足腿节外下方生一列稀疏长毛,腹部扁平;雌虫黄褐色,腹部为均一的淡灰色。

②卵 长约 1.3 毫米,长椭圆形,乳白色。

③幼虫 老熟时体长 9～10 毫米,蛆形,头尖尾粗,乳白色。腹部末端具 6 对肉质突起,第五对显著大于其他突起,并且分成较深的两叉。

④蛹 长 7 毫米,椭圆形,红褐或黄褐色,尾端可见 6 对突起。

(3)毛尾地种蝇

①成虫 前翅基背毛很长,几乎与盾间沟后的背中毛等长。雄蝇两复眼间额带的最狭部分比中单眼宽 2 倍,后足腿节的下方只在近末端部分有显著的长毛。雌蝇体长约 5.5 毫米,从后面看腹部背面中央有暗色纵带,两侧具不规则的暗色花纹。

②幼虫 腹部末端有 6 对突起,第六对突起分成很浅的两义。

56. 根蛆有哪些主要生活习性?

灰地种蝇成虫白天活动,一天中 10～14 时活动旺盛,傍晚或阴天活动减弱。成虫有强烈的趋化性和趋腐性,喜欢聚集在有臭味的粪肥上,早晚和夜间凉爽时躲藏于土缝中;对未腐熟的粪肥、发酵的饼肥及糖醋味表现出明显的趋性。成虫在田间沤肥堆处、大白菜播下的种子附近土表或幼苗根部产卵,尤喜在新翻耕和湿度大的地块,或正在间苗、定植的菜地土缝中集中产卵。每雌产卵约百粒,若补充营养产卵量可高达数百粒。春、秋季节卵经 8～9 天孵化。幼虫共 3 龄,在土壤中营背光生活,喜湿畏干,若土壤干燥则向大白菜根茎、根部蠕动、集聚,加重为害;如土壤过湿或短时积水则大量死亡。根蛆可营腐生生活,食害种子的胚乳和子叶,造成种芽腐烂而不能出苗;还可钻入幼根、幼茎或叶柄基部,蛀食大白菜根系的表皮,使植株生长不良、矮缩或成片死亡而减产。同时,蛆害造成的伤口,有利于土壤中病菌的侵染,引起大白菜根茎腐烂,诱发软腐病流行,减产损失常可达一成以上。幼虫也能在腐败物质及粪肥中营腐生生活,老熟幼虫在被害株附近土中化蛹。春季平均温度 17℃时完成一代约 42 天,秋季 12℃～13℃则需 51.6 天,温度 35℃以上 70%的卵不能孵化,幼虫和蛹大量死亡,因而夏季虫量减少,为害轻。沙土、地势低洼、排水不良地块蛆害较重。

3 种根蛆的生活习性相近,但萝卜地种蝇和毛尾地种蝇是以十字花科植物为

食的寡食性害虫,不能在腐败和粪肥生活,与灰地种蝇有别。

大白菜营养生长期的适宜温度为 12℃～25℃,各地均以秋季栽培为主,春季也有种植。大白菜从一粒种子长成硕大的叶球,早熟品种仅需 60 天,晚熟品种为 90 天,需要丰富的氮磷钾等营养元素,增施有机质基肥是高产的重要措施。大白菜植株含水量高达 90%～96%,根部含水量为 80%,叶片多蒸腾作用强,生长时期土壤水分需保持田间持水量的 80%～90%,因此需要多次浇水供给大量水分。种蝇、根蛆的适生条件和生活习性,与大白菜适宜生长的环境因素相吻合,是造成其较重为害的主要原因。

57. 根蛆的发生有何规律?

(1)灰地种蝇　在黑龙江 1 年发生 2～3 代,辽宁、新疆 3～4 代,陕西 4 代,江西、湖南 5～6 代。在北方以蛹在土中越冬,翌年

早春气温稳定在 5℃时出现成虫,超过 13℃数量激增。华北地区
3 月下旬至 6 月上中旬第一代幼虫发生期,种群密度高,主要为害
苗床和露地瓜、豆类幼苗及十字花科采种株。6 月下旬至 7、8 月
逐渐进入高温多雨季节,第二代幼虫发生数量显著下降,对洋葱、
大蒜和韭菜可造成一定为害。9 月中下旬至 10 月中旬第三代幼
虫数量有所上升,主要寄主为大白菜、萝卜、洋葱和韭菜等。南方
长江流域可以各虫态在露地休眠越冬,暖冬晴天可见成虫在地面
活动,在大棚蔬菜仍可发生为害。早春～初夏为害大白菜等各种
蔬菜、棉花和豆类等作物,秋季也有发生。本种害虫春、秋季种群
密度高,发生危害重。

(2)萝卜地种蝇 1 年发生 1 代,以蛹在土中越冬。成虫于 8
月中下旬羽化,产卵于菜苗周围地面或心叶及叶腋上,经 4～15 天
孵化为蛆,迅速钻入叶柄基部,而后向茎中蛀食或钻入菜心,幼虫
期 35～40 天,9 月下旬开始化蛹,10 月下旬全部化蛹越冬。8 月
份多雨潮湿天气,有利成虫羽化和幼虫孵化,发生危害重。大白菜
受害后发育不良、外帮脱落,重者不能包心或死亡。

(3)毛尾地种蝇 1 年发生 3 代,以蛹越冬。3 代成虫发生期
为:5 月下旬至 6 月上旬、7 月份和 8 月份。成虫产卵于菜苗心叶
或叶腋,卵期约 5 天,幼虫期 20～30 天。春季多为害春白菜、萝
卜,秋季常与萝卜地种蝇混合发生,危害大白菜,钻蛀菜根,造成伤
口诱发软腐病。

58. 怎样防治根蛆?

根据根蛆发生危害的特点,结合大白菜丰产、优质的栽培管理
技术,应抓好预防和药剂防治工作。

(1)农事耕作措施 施用腐熟的粪肥和饼肥。施肥时要做到
均匀、深施,粪肥不外露土面。种子和肥料要隔开,可在粪肥上覆
一层毒土或拌少量药剂。适时秋耕晒垡,避免耕翻过迟,湿土暴露

地面招引成虫产卵。菜田发生根蛆不要追施粪水,应随水追施氨水或化肥可减轻受害。对出现蛆害的地块,可增加灌溉次数,必要时灌大水,能杀灭部分幼虫。选择晴朗中午前后浇水,以保证菜根周围土表很快干爽,不利卵的孵化和幼虫钻土为害菜苗。大白菜收获后清洁田园,及时清除被害株残体,减少虫源。

(2)诱杀成虫　利用成虫对糖醋味的趋性从始发期开始进行诱捕,用于虫情测报和降低虫口密度。诱液的配制为红糖、醋、水比例为 2∶2∶5,并加 0.1%的 80%敌百虫可溶粉剂拌匀,先在诱集盆底部铺上少许锯末,再放入诱液。每天在成虫活动盛期打开盆盖,诱液要保持新鲜,每 5 天加半量诱液以保持新鲜。

(3)科学用药　安全高效杀虫剂与适宜的施药方法结合,可以有效的控制蛆害,严禁滥用高毒农药。

①土壤处理灭蛆保苗　大白菜播种时,每 667 平方米用 3%毒死蜱颗粒剂 3～5 千克,或 10%毒死蜱颗粒剂 1.2～1.5 千克,或 4.5%敌百·毒死蜱颗粒剂 2.5 3.5 千克,或 5%丁硫克百威颗粒剂 3 5 千克,直播菜田播前撒施,然后混土深度 10～30 厘米;移栽田沟施或穴施,将药剂对 30 千克细土(沙)拌匀,撒施混土后,移栽、浇水,保持一定的墒情。土壤处理还可兼治蝼蛄、蛴螬、金针虫等地下害虫。

②防治成虫　当糖醋液诱集盆内成虫数量突增或雌雄成虫比例接近 1∶1 时,进入成虫盛发期和防治适期。可用 50%马拉硫磷乳油 1 000 倍液,或 80%敌百虫可溶粉剂 800～1 000 倍液,或 2.5%溴氰菊酯乳油 3 000 倍液,或 21%增效氰·马乳油 4 000 倍液,或 20%菊·马乳油 2 500 倍液等喷雾,每 7～8 天喷洒 1 次,连续 2～3 次。

③局部施药(挑治)　田间发现零星的植株被害后,应及时用 80%敌百虫可溶性粉剂或 48%毒死蜱乳油 1 000 倍液,40%乐果乳油或 50%马拉硫磷乳油 800～1 000 倍液等灌根挑治,每株灌药液

250 毫升, 省工、省药、效果好。也可将喷雾器喷头的旋水片卸去后, 选用 50%辛硫磷乳油 1 000 倍液, 或 48%毒死蜱乳油 1 000 倍液, 或 2.5%溴氰菊酯乳油 2 500 倍液等, 喷淋被害菜株间的地表面。

59. 如何识别蜗牛和野蛞蝓?

蜗牛俗称水牛、蜒蚰螺、小田螺等, 种类较多但为害蔬菜主要有 2 种。灰巴蜗牛分布东北、西北、华北、华中、华东、华南和西南广泛区域; 同型巴蜗牛分布黄河流域、长江流域和华南地区。野蛞蝓别名无壳蜒蚰螺、鼻涕虫、粘液虫等, 从东北的黑龙江至云贵川高原, 西北的新疆至东南沿海的福建广泛区域均有分布, 均属陆生有害软体动物, 在南方及温暖潮湿地区发生危害较重。

(1)蜗　牛

①成(螺)贝　同型巴蜗牛体长 30 36 毫米, 头部发达, 有 2 对可翻转缩回的触角, 眼在后触角顶端, 口位于头部腹面, 口内有 1 似锉刀的齿舌。足在身体腹面, 跖面宽适宜爬行。蜗壳扁球形, 高 11.5 12.5 毫米, 宽 15 17 毫米, 有 5 6 层螺纹, 黄褐色至灰褐色, 壳口马蹄形, 脐孔圆孔状。灰巴蜗牛的蜗壳比同型巴蜗牛大, 近球形, 高 18 21 毫米, 宽 20 23 毫米, 黄褐色或琥珀色, 壳顶尖, 壳口椭圆形, 脐孔缝状。

②卵　圆球形, 直径约 2 毫米, 乳白色有光泽, 逐渐变为淡褐色, 近孵化时变为土黄色。

③幼(螺)贝　基本形态和颜色同成螺蜗牛, 但体较小, 螺层在 4 层以下。

(2)野蛞蝓

①成体　体长 30～60 毫米, 长梭型, 柔软、光滑而无外壳, 体表暗黑色、暗灰色、黄白色或灰红色。

②卵　椭圆形, 韧而富有弹性, 直径 2～2.5 毫米。白色透明可见卵核, 近孵化时色变深。

③幼体　初孵时体长 2~2.5 毫米,淡褐色,形似成体。

60. 蜗牛和野蛞蝓有哪些主要生活习性?

蜗牛喜欢在温暖、阴湿、多腐殖质的环境中生活。觅食范围广泛,包括各种农作物、饲料作物和杂草,主要为害叶用蔬菜、瓜果类、豆类蔬菜和大葱等。成、幼贝以齿舌刮食大白菜幼芽、嫩叶、嫩茎,幼苗受害可造成缺苗断垄,严重时成片被毁。成株期叶片受害出现孔洞或缺刻,严重时能吃光叶片仅残存叶脉、咬断嫩茎;并排泄许多黑绿色粪便污染叶片,外覆一层白色黏液痕迹,易诱发菌类侵染而导致腐烂,降低产量和质量。

蜗牛耐饥力强,在食物不足或环境不适宜时可不食不动,藏于白膜封闭的蜗壳内。昼伏夜出,白天潜伏在隐蔽、阴暗处,夜间取食活动,阴雨天昼夜活动取食。畏忌阳光,裸露在阳光直射或干燥条件下,身体因大量失水而死亡。蜗牛雌雄同体,异体受精,也可同体受精繁殖。卵多产在植物根际 2~4 厘米深的疏松、湿润的土中及枯叶石块下。每成螺可产卵 30~235 粒,卵期 2 周至 1 个月。初孵幼螺只取食叶肉,留下表皮,爬行时留下黏液痕迹。幼螺期6~7 个月,成螺期 5~10 个月,完成一世代需 1.5 年。

野蛞蝓与蜗牛的生活习性相近,常混合发生。

61. 蜗牛和野蛞蝓的发生有何规律?

蜗牛 1 年 1 代,两种蜗牛常混合发生。以成螺和幼螺在菜田作物根部、灌木丛、土壤缝隙及疏松田埂的 2~4 厘米土中潮湿阴暗处越冬,壳口有白膜封闭。南方地区翌年气温回升到 10℃ 以上时蜗牛恢复活动,武汉地区年中大多在 5 月份和 9 月份是取食为害和交配产卵盛期。炎热夏季休眠,11 月份进入冬眠。在大棚越冬蔬菜上继续发生,初春和冬末也适宜取食活动,比露地为害期更长。

野蛞蝓 1 年发生 2~3 代,世代重叠。其生活习性与蜗牛相似,由于蛞蝓身体裸露在环境中,不能躲藏在蜗壳内度过不良环境,更喜温暖、潮湿环境。成、幼体适宜活动的温度为 15℃～25℃,相对湿度 85％以上,黏重土、低洼处、沟渠边数量多。在武汉地区田间,野蛞蝓与双线嗜粘液蛞蝓和黄蛞蝓混合发生,一年中大多在 4～5 月份和 9～10 月份出现取食为害和交配产卵盛期,棚室内可周年发生。成体产卵期可长达 160 天,每雌平均产卵 400余粒,产于潮湿疏松土表,5～6 月份卵期 16～17 天,从孵化至成贝成熟约 55 天。北方棚室蔬菜栽培均在野蛞蝓适宜活动的温度范围内,多年以来发生为害呈上升趋势,如黑龙江大庆连栋温室蔬菜生产,每年 2 月份成、幼体活动增强,4 月份产卵繁殖,5～6 月份为全年活动最盛时期,其次是 8～9 月份。12 月份至翌年 1 月份活动减弱,有的钻入 5～10 厘米土层中或暖气沟、水泥板下休眠。

62. 如何防治蜗牛和野蛞蝓?

(1)农业防治法　播种前深翻晒土,及时中耕,铲除田内外除草,排干积水等措施,破坏蜗牛、野蛞蝓栖息和产卵场所。大白菜收获后清洁田园,进行秋冬季季耕翻,使部分越冬蜗牛、野蛞蝓暴露地面冻死或被天敌啄食。

(2)撒石灰带保苗　在苗畦或菜田的沟边、地头或垅间撒石灰带,面积 667 平方米用生石灰 5～10 千克,或茶枯粉 3～5 千克,可短期阻止蜗牛、野蛞蝓进入,一般需隔 4～5 天撒施几次,保苗效果良好。

(3)人工诱集捕杀　利用害物昼伏夜出活动取食习性,可将树叶、杂草、菜叶等在菜田多点成堆摆放,天亮前集中捕捉诱集堆内蜗牛、野蛞蝓。

(4)巧用杀螺剂　常用的杀虫剂对蜗牛、野蛞蝓是无效的,需要选择专用的杀软体动物剂,并注意施用方法和使用条件,保证防除效果。

①施用颗粒剂灭杀法　蔬菜出苗或移栽后,一般在蜗牛、野蛞蝓发生初盛期,每 667 平方米用 6%四聚乙醛颗粒剂 500 克,拌细干土 15～20 千克,于傍晚均匀撒在受害植株的行间垄上;也可采取条施或点施的方法,药点(条)间距 40～50 厘米为宜,蛞蝓接触药剂后死亡。也可用 6%聚醛·甲萘威颗粒剂 600～750 克拌适量细干土撒施,或用 5%四聚乙醛颗粒剂 480～660 克,即 1 平方米用 50～70 颗药粒。上述颗粒剂一般间隔 7 天连续用 2 次。由于在低温和高温下蜗牛、野蛞蝓活动性减弱,使用颗粒剂在气温 15℃～35℃和潮湿条件下为宜,尤其是雨后转晴的傍晚施药最佳。施药后不要在田间行走,避免把颗粒剂踩入土中,露地用药后遇大雨应补施,不宜和化肥、其他农药混用。或用 30%聚醛·甲萘威粉剂 250～500 克,拌细干土 15～20 千克制成毒土撒施。

②饵剂诱杀法　菜田 667 平方米面积用 6%聚醛·甲萘威饵剂 650～700 克,均匀撒施在蔬菜根际土表,诱杀蜗牛效果好。

③喷雾法　在蜗牛、野蛞蝓大发生情况下,掌握清晨未潜入土壤之前,用 80%四聚乙醛可湿性粉剂 1 000～1 500 倍液进行喷雾。

63. 如何识别东方行军蚁?

东方行军蚁俗称黄蚂蚁、黄丝蚁、黄白蚁等,属膜翅目蚁科。分布湖南、江西、福建及华南、西南等地。食性杂,主要为害十字花科、豆科、茄科及芫荽、莴苣等多种蔬菜和西、甜瓜。工蚁喜食大白菜幼苗靠近地面的根系、环剥根茎表皮,造成连片死苗。

工蚁:大型工蚁体长 5～6 毫米,体褐黄至栗褐色。头近方形或矩形宽于胸部,后缘深凹,额中央具 1 条纵沟,触角 9 节,口器咀嚼式,上颚内缘具 2 齿,无复眼和单眼。前、中胸部背板间缢缝不明显,第一腹节与胸部融合为腹柄节 1 节,胸部及腹柄节背面扁平。头前及后腹部腹面及末端有一些立毛。小型工蚁体长 2.5～3 毫米,体淡黄色。头后缘略凹陷,额中央无纵沟。

雄蚁,体长 17～23 毫米,黄褐色。体似胡蜂,体表密生黄毛。头狭横形,复眼、单眼均发达。胸大呈球形凸出,翅黄色透明。

雌蚁,体长 5～11 毫米,腹部长椭圆形、粗大,末端有螫针 1 枚藏于生殖孔内,与雄蚁交尾产卵后膜翅脱落。

行军蚁属完全变态,还有卵、幼蚁和蛹不同发育阶段。

64. 东方行军蚁有哪些主要生活习性?

东方行军蚁是群居社会性昆虫,蚁群中工蚁数量最多,具有筑巢、觅食、负卵搬迁行为和"交哺习性",除工蚁外如蚁后、有翅繁殖蚁和幼蚁等均由工蚁饲喂,工蚁之间也相互饲喂,并有相互舔吸的习性。6～7 月份有翅雄蚁大量发生,具有趋光性,在闷热的傍晚灯光下最多,有时簇拥成"蚁团"。有翅雄蚁和雌蚁交配后死亡,雌蚁入土将卵多集中产在喜食寄主地表下 3～5 厘米处的土洞内,一处有卵数十至 200 粒。该蚁繁殖力强,数量增长快,工蚁在寄主蔸部及其土中挖掘蚁道、小室和住所,地下蚁巢面积迅速扩大,并将掘出的物质及叶片堆积在入口附近,土表则形成"蚁丘",最大直径可达 54.7 毫米,高 25.4 毫米。工蚁食性杂,喜食蔬菜根和根茎表皮,也能取食白蚁或昆虫的尸体、厩肥等,对香甜和腥味物质有强烈趋性。大白菜等叶用蔬菜受害第 3～4 天,若遇晴天可则出现轻微叶枯状。蔸部形成很小的蚁丘时,一般均在叶枯前 1～2 天,还可灭蚁保菜,本现象可作为药剂防治的适期,否则幼苗和寄主受害严重而死亡。行军蚁多在坟地周围的园地、田埂土坎多的丘陵地、房前屋后的菜园和荒地等处筑巢。有机质多的壤土、较疏松的红壤土、灰泥土有利于修筑蚁道。新开垦的菜田、施用未腐熟的厩肥和冬春季温暖,行军蚁发生为害较重。

65. 东方行军蚁的发生有何规律?

行军蚁无明显的休眠现象,冬季气温 10℃时工蚁可出巢(洞)

活动、取食。在湖南西部丘陵地区,2~10 月份为害小飞蓬、香丝草等中间寄主。菜田每年出现 3 次繁殖和蚁害高峰,3~4 月份为害冬葵和早春菜豆幼苗;5~7 月份为害马铃薯、菜豆、豇豆、茄子、辣椒、西瓜等,在上述寄主初花期一般是该蚁盛发期;8 月份中旬~11 月份上旬主要为害白菜、萝卜、蘘菜等十字花科蔬菜,2~5片真叶时进入为害盛期。气温降到 5℃时,工蚁主要在白菜、萝卜和小飞蓬、香丝草等杂草兜部土中或孔洞及菜心中休眠。

66. 怎样防治东方行军蚁?

东方行军蚁是进化程度高等的社会性昆虫,寄主范围广、虫源地多、危害的隐蔽性强,防治难度大。只有针对它的发生规律和行为习性的特点,采取综合防治措施才能有效地控制其危害。

(1)农业防治措施 铲除菜地及周围小飞蓬、香丝草等杂草,大白菜收获后清洁田园,冬季深翻土地捣毁蚁巢减少虫源。育苗配制营养土时,防止混入行军蚁。施用充分腐熟的粪肥,蔬菜生长期经常深中耕,切断蚁道减轻为害。对于蚁害严重的菜田,实行水旱轮作消灭蚁巢、根除蚁害。

(2)物理防治 6~7 月份有翅雄蚁大量发生时,按 3 公顷面积设置一盏频振灯诱杀雄蚁,兼治其他害虫;还可因地制宜的选用黑光灯等。

(3)趋性利用诱杀法

①毒饵诱杀 菜地 667 平方米面积用红糖 300 克,掺入 90%敌百虫可溶粉剂、50%辛硫磷乳油或 80%敌敌畏乳油 100 克(毫升)拌匀,按约 2.5 米距离以"△"排列取点,每点将 3 克左右的毒饵埋入土下 12 厘米深处,诱杀取食的工蚁。或将麦麸、米糠或豆饼、棉仁饼 5 千克炒香,与上述药剂对水适量拌匀,用塑料薄膜盖好闷 30 分钟,揭膜后加少量红糖或蜂蜜拌匀,撒入蚁害较重的菜苗周围。

②有机物诱杀 在菜地挖一些深约 30 厘米,宽 40 厘米的小坑,坑底放入牛羊猪鱼骨头、内脏,再盖上 1～2 厘米细土,待害蚁大量集聚时用火烧或喷药液杀灭。

③试用杀蚁饵剂 据报道,在红火蚁有发生地,每 100 平方米面积用 0.045％茚虫威杀蚁饵剂 25 30 克,或 0.02％多杀霉素饵剂 30 克,在蚁巢外围撒施或点施,对红火蚁有良好的诱杀效果。当白菜菀部出现小蚁丘时,可以在菜田试用防治东方行军蚁。

(4)药剂防治 在蚁害盛发期,当菀部出现小蚁丘或发现叶枯症状时,及时用药液喷洒植株及周围 10 厘米地面或灌注蚁巢。可选用 2.5％溴氰菊酯乳油或 5％氯氰菊酯乳油 3 500 倍液,或 80％敌百虫可溶粉剂与等量石灰混合 3 500 倍液,或用 48％毒死蜱乳油 1 500 倍液,或 80％敌敌畏乳油 1 500 倍液等,隔 7～10 天一次,连续 3 次可获得良好的防治效果。

67. 如何识别猿叶虫?

猿叶虫俗称乌壳虫、豆豉虫、白菜掌叶甲、弯腰虫等,有大猿叶虫和小猿叶虫 2 种,形态特征相似,分布于全国各省(直辖市、自治区)。从 20 世纪 90 年代以来,猿叶虫的发生为害呈上升趋势,以南方丘陵山区菜田密度高虫情重,主要为害十字花科蔬菜。

(1)成虫 大猿叶虫体长 4.5～5.2 毫米,宽约 2.5 毫米。体长椭圆形,暗蓝黑色,有金属光泽。头部点刻粗且密,前胸背板拱凸,后缘中部向后拱弧明显;小盾片三角形,光滑无点刻;翅鞘基部宽于前胸背板,并形成稍隆起的"肩部",翅鞘上散生不规则大而深的点刻。后翅发达,能飞翔。小猿叶虫体长 2.8～4 毫米,卵圆形,蓝黑色,有明显的金属光泽。翅鞘上有 11 行细密的点刻。后翅退化,不能飞翔。

(2)卵 大猿叶虫长 1.5 毫米,宽 0.6 毫米,长椭圆形,橙黄色,表面光滑,块状。小猿叶虫卵稍小,一端较钝。

（3）幼虫 大猿叶虫老熟时体长 7.5 毫米,头部漆黑有光泽,体灰黑稍带黄色,各体节有大小不等的肉瘤 20 个左右,气门下线及基线上的肉瘤最显著,腹部末节的肛上板颇坚硬。小猿叶虫老熟幼虫体长 6~7 毫米,体褐色,各体节具黑色肉瘤 8 个,其上有刚毛。

（4）蛹 大猿叶虫长约 6.5 毫米,略呈半球形,黄褐色,腹部各节侧面具黑色短小刚毛 1 丛,腹部末端有 1 对叉状突起。小猿叶虫体长 3.4~3.8 毫米,腹部各节侧面无刚毛丛,腹部末端也无叉状突起

68. 猿叶虫有哪些主要生活习性?

猿叶虫是寡食性害虫,主要为害十字花科蔬菜,嗜食大白菜、白菜、油菜、萝卜、芥菜等。成虫白天活动但不善飞行,幼虫昼夜活动喜在心叶内群聚取食,以晚间取食最激烈。初孵幼虫仅食叶肉,造成小凹斑痕,成虫和大龄幼虫把叶片咬成许多孔洞或缺刻,严重时可使叶片千疮百孔,虫粪狼籍或仅剩叶脉,不但降低产量,也降低产品质量。成、幼虫有假死性,菜株受惊动后可缩足落地。成虫耐饥力强,夏季高温时(26℃~27℃)入土或在阴凉处越夏,夏眠期约 3 个月。

69. 猿叶虫的发生有何规律?

大猿叶虫在北方菜区 1 年发生 2 代,长江流域 2 3 代,广西 5 6 代。多以成虫在 5 厘米左右表土层滞育越冬,少数在枯叶里、土缝间或石块下越冬,夏季高温蛰伏越夏。一年中主要在春季和秋季活动、取食和交配产卵,同时出现两个明显的危害盛期,一般出现在 3~5 月份,北方 8~10 月份和南方 9~11 月份,与各地春、秋季大白菜的生产季节基本一致。成虫寿命长达 3~5 个月,每头雌虫产卵 200~500 粒,成堆产于植株根际土表、土缝或心叶。卵期

3～6 天。幼虫共 4 龄,幼虫期 20 天左右,老熟幼虫在菜叶和入土化蛹。

小猿叶虫在南方菜区常与大猿叶虫混合发生,长江流域 1 年发生 3 代,以成虫在枯叶下或根缝中越冬和越夏,依靠爬行求偶、觅食,卵多散产于叶柄基部,幼虫日夜取食。其他习性见大猿叶虫。在广东 1 年发生 5 代,无明显越冬现象。

70. 怎样防治猿叶虫?

掌握了猿叶虫的发生规律和生活习性,采取综合防治措施可有效的控制其危害。

(1)农业防治措施 收获后及时清洁田园,清除田间残株、落叶及杂草,集中烧毁或深埋,以减少田间虫源。十字花科蔬菜冬闲田(尤其是连作田),要耕翻 1～2 次,将土中越冬的成虫翻至地面,冻死、机械杀死或被鸟类啄食。重发区提倡十字花科蔬菜与其它作物(胡芦科、茄科、豆科等)轮作,以减少发生量。

(2)人工捕杀 利用成、幼虫的假死性,在盛发期于清晨一手拿盆,一手轻抖叶片,把虫子震落入水盆中,然后集中灭活处理。也可把水盆置于简易的木制拖板上,随着人在菜田行间的走动,虫子落于水盆中再进行处理。

(3)药剂防治 在当地主要危害季节,幼虫发生初盛期和盛发期及时喷药防治,可兼治成虫。常用药剂有 80％敌百虫可溶性粉剂 800 倍液,或 48％毒死蜱乳油 1 000 倍液,或 50％马拉硫磷乳油 800 倍液,或 10％氯氰菊酯乳油 2 000～3 000 倍液,或 20％杀灭菊酯乳油 2 000～3 000 倍液,或 2.50％溴氰菊酯乳油 2 500～3 000 倍液,或 20％菊•马乳油 3 000 倍液。此外,还可用 0.2％阿维菌素乳油 1 500 倍液等。另有试验报道,以小猿叶虫为主的地区,出了上述药剂外,还可用 10％吡虫啉可湿性粉剂 1 250 倍液,或 40％乐果乳油 800 倍液防治幼虫与成虫。

71. 如何识别土蝗?

土蝗俗称蚱蜢、蚂蚱等,是除了飞蝗、稻蝗、竹蝗以外其他蝗虫种类的统称。土蝗的种类多,分布广泛遍及国内各地,可取食各种农作物、蔬菜、果树、林木及杂草。其中,大垫尖翅蝗广泛分布我国东部、中部、北部和西北地区。短额负蝗分布于东北、华北、西北、华中、华南、西南地区。不同地区的土蝗均是数种混合发生,但优势种类常有差别。如北方地区能造成一定为害的有大垫尖翅蝗、短额负蝗、笨蝗、短星翅蝗、意大利蝗、黄胫小车蝗、亚洲小车蝗、西伯利亚蝗、中华剑角蝗等。

(1)大垫尖翅蝗

①成虫 雄性体长13~16毫米,雌性23~29毫米,黄褐色、褐色或暗褐色,有时呈绿色。头短,颜面略向后倾斜,触角丝状、较粗短。前胸背板的背面中央具红褐色或暗褐色纵条纹,向前可达头部。前翅发达,通常超过后足腿节的顶端,后翅透明本色。足跗节间的中垫较长,顶端超过爪的中部。

②卵 卵块长31~37毫米,圆柱形,上部比下部略细,有胶丝裹成卵囊。卵粒长4.1毫米,在卵块内有规则的斜向排列3~4行,每一卵块含卵20~38粒。

③蝗蝻(若虫) 共5龄,形态近似成虫,体和翅芽均小。

(2)短额负蝗

①成虫 20~30毫米,头至翅端长30~48毫米,绿色(夏型)或褐色(冬型)。头尖削,绿色型从复眼斜下至中胸背板两侧下缘有一条粉红色纹。前翅长超过后足腿节端部的1/3,后翅基部红色,端部淡绿色。

②卵 长2.9~3.8毫米,长椭圆形,中间稍凹陷,一端较粗钝,黄褐至深黄色,卵壳表面呈鱼鳞状花纹。卵粒在卵块内倾斜排列成3~5行,并有胶丝裹成卵囊。

③蝗蝻(若虫)　共5龄,形态近似成虫,体和翅芽均小。

72. 土蝗的发生有何规律?

土蝗多为1年发生1代、少数2代,以卵在土中越冬。一般从4月份至6月中旬为卵孵化和蝗蝻出土期,蝗蝻发生为害可从4月中旬持续到8月下旬,成虫则从5月中旬至秋末冬初。河湖荒滩、沟渠边、盐碱荒地及丘陵坡地周围杂草丛生的环境,适宜土蝗栖息、活动、取食和产卵繁殖,成为虫源基地。在适宜的条件下,蝗蝻和成虫向虫源基地周边的农田和菜田转移,造成危害。成虫和蝗蝻嚼食大白菜叶片,将叶片咬成缺刻或孔洞,苗期严重受害时可将菜苗掠食一空,造成毁田或缺苗断垄;也危害留种株的嫩茎、花蕾和嫩荚。

73. 怎样防治土蝗?

采取"改治并举,综合防治"的方针,才能经济、安全、有效的控制土蝗危害。

(1)农业措施　各地应结合农田水利基本建设,组织规模化的垦荒造林、改良盐碱地,农田实行精耕细作,及时铲除田埂、地边、路旁、沟渠的杂草,因地制宜改造虫源基地的自然环境,遏制种群数量,才是压低土蝗密度的根本措施和控制蝗害的长远之策。菜田结合农事作业,深耕整地、修埂培土,杀灭蝗虫的卵,减少虫源。

(2)诱集捕杀　秋凉后利用土蝗选择背风温暖处所潜伏的习性,可在菜地、麦田等蝗虫密度大的地方,用作物秸秆捆搭建诱集堆。清晨气温低土蝗活动迟缓时,集中捕捉杀灭或喂饲家禽。菜田土蝗零星发生时,可结合农事作业进行人工捕杀。

(3)生物防治　在蝗虫滋生基地放养鸡、鸭、鹅啄食,控制土蝗种群密度,减少农药用量和对环境压力。每667平方米面积可用蝗虫微孢子虫5×10^8于蝗蝻二龄盛期喷撒。或用100亿孢子/克金龟子绿僵菌可湿性粉剂 20～30 克制剂,对水 50 升喷雾,或 100 亿孢子/毫升球孢白僵菌油悬浮剂 150～200 毫升制剂,进行超低容量喷雾。

(4)科学用药　采取"挑治为主,普治为辅,巧治低龄"的防治策略。防治适期掌握在当地土蝗的优势种开始进入三龄和即将转向农田为害之前,防治指标为每平方米蝗蝻量在 4～14 头之间。可选用 5％氟虫脲乳油 4 000 倍液,50％马拉硫磷乳油 1 000 倍液,或 2.5％高效氯氟氰菊酯乳油或 2.5％溴氰菊酯乳油 3 000 倍液喷雾,也可用 4％的敌·马粉剂,2.5％的马拉硫磷粉剂,每 667 平方米面积用 750 克喷施。

当菜田发现虫情后,可用 1.8％阿维菌素乳油 3 000 倍液或上述药剂喷雾挑治,重点做好保全苗工作。在土蝗发生较普遍和虫口密度高时,提倡普遍用药防治或施用毒饵,即菜田 667 平方米面积用炒香的麦麸或谷糠 10 千克,与 90％敌百虫可溶性粉剂 170克加适量清水拌匀,或用蝗虫喜食的苜蓿、嫩草制成。傍晚撒于田间垄内,诱杀效果良好。

74. 如何识别蟋蟀?

蟋蟀是中国东北地区、华北地区、长江下游和华南地区的重要农业害虫,为害蔬菜的蟋蟀主要有 2 种:油葫芦(北方的主要为害种)和大蟋蟀(南方的主要为害种)。其主要形态识别特征如下。

(1)油葫芦　成虫体长 22～25 毫米。体背黑褐色,有光泽。腹面为黄褐色。头顶黑色,复眼周围及面部橙黄色,从头背观两复眼内方的橙黄纹"八"字形。前胸背板黑褐色,隐约可见 1 对深褐色羊角形纹,中胸腹板后缘中央有小切口。前翅黑褐色有光泽,后翅端部露出腹末很长,形如尾须。后足胫节背方有刺 5～6 对、端距 6 个。卵长 2.5～4 毫米,略呈长筒形,两端略尖,乳白色,微黄,表面光滑。若虫共 6 龄,成长若虫 21～22 毫米。体背面深褐,前胸背板月牙形明显。雌若虫产卵管较长,露出尾端。

(2)大蟋蟀　成虫体长 30～40 毫米,暗褐或棕褐色。头部较前胸宽,复眼间具 Y 形纵沟。触角丝状,约与身体等长。前胸背板前方膨大,前缘后凹呈弧形,背板中央有 1 细纵沟,两侧各具一近三角形的黄褐纹。后足腿节粗壮,胫节背方有粗刺两列,每列 4～5 个。腹部尾须长而稍大。雌虫产卵管短于尾须。卵长 4.5 毫米左右,近圆筒形,稍有弯曲,两端钝圆,表面平滑,浅黄色。若虫:外形与成虫相似,体色较淡,随龄期增长而体色逐渐转深。若虫共 7 龄,二龄以后出现翅芽,若虫的体长与翅芽的发育随龄期的增大而增长。

油葫芦近年在北方地区为害加重,尤其是在山东、山西、河北、河南等地区发生较多。大蟋蟀主要在广东、湖南等南方地区发生为害。寄主广泛,喜欢带甜味的植物,秋播的大白菜、萝卜、瓜类和豆类作物受害较重。成虫和若虫取食农作物的幼苗、嫩叶、嫩茎、嫩枝、种子和果实,有时也危害根部(如花生嫩根)。6 月中下旬至 7 月上旬的夏苗期是大龄若虫发生盛期,属农田蟋蟀的主要危害期,也是农田防治的最好时期。

75. 蟋蟀有哪些主要生活习性?

蟋蟀以卵在土壤中越冬。卵单产,产在杂草多而向阳的田埂、坟地、草堆边缘等 0～5 厘米的土中。成、若虫均穴居生活,昼伏夜出,成虫多一穴一虫。洞穴左右弯曲,每个洞穴口都堆积一堆松土,这是洞穴内有大蟋蟀的标志。成虫和若虫都喜食植物的幼嫩部分,各种作物的苗期受害最烈,咬断嫩茎后拖回洞中蛆食,有时也会把咬断的嫩茎弃于洞外。雨天一般不出来活动,以储备的食料为食,但若食物耗尽,也见有出来寻食。闷热的夜晚出洞活动最盛,也是毒饵诱杀的最好时机。

一般年份 5 月中旬开始孵化为若虫,若虫共 6 龄。若虫期

25~30 天。因产卵时间及产卵地的土质含盐量、植被与温湿度等条件不同,其出土时间也不相同。

农田蟋蟀发生密度与作物种类有关,一般豆田、花生田、菜田、玉米田发生密度大,稻田、棉田发生密度小,气象条件是影响农田蟋蟀发生的重要因素,一般 4~5 月份雨水多,土壤湿度大,有利于若虫的卵孵化出土,5~8 月份降大雨或暴雨,不利于若虫的生存。

76. 蟋蟀的发生有何规律?

油葫芦 1 年发生 1 代,以卵在土中越冬。在河北、山东、陕西等省,越冬卵于翌年 4 月底或 5 月初开始孵化,5 月为若虫出土盛期,立秋后进入成虫盛期,9~10 月份为产卵期,10 月中下旬以后,成虫陆续消亡。成虫昼伏夜出,喜隐藏在潮湿地面的积草堆下,对黑光灯、萎蔫的杨树枝叶、泡桐叶等有较强趋性。成虫交尾后 2~6 日即可产卵,卵多产在杂草郁闭的地头、田埂等处 2~3 厘米深的土中,产在地表的卵不能孵化,无植被覆盖的裸地很少产卵,常 4~5 粒成堆,单雌产卵 34~114 粒。成、若虫均喜群栖。若虫共 6 龄,低龄若虫昼夜均能活动,四龄后昼伏夜出。夏秋季少雨,有利于油葫芦对秋播蔬菜的为害;耕作粗放、杂草多的秋菜受害重。

大蟋蟀 1 年发生 1 代,以三至五龄若虫在土穴中越冬。广东和福建南部每年 3 月上旬越冬若虫开始大量活动,3~5 月份出土为害各种农作物的幼苗。5~6 月份成虫陆续出现,7 月份为成虫盛发期,9 月份为产卵盛期。10~11 月份新若虫常出土为害。12 月份初若虫开始越冬。成虫和若虫喜欢在粗松沙土中挖洞匿居,成虫产卵于洞底,常 30~40 粒 1 堆,单雌产卵可达 500 粒以上。卵期 15~30 天;若虫期 240~270 天。初孵若虫一般群居洞中,数日后分散营造洞穴独居。成虫和若虫具自相残杀习性。大蟋蟀性喜干燥,多发生于沙壤土或沙土,植被稀疏或裸露、阳光充足的地方,潮湿的壤土或黏土中很少发生。

77. 如何防治蟋蟀？

(1)农业防治 蟋蟀的卵一般产于1~2厘米的土层中,冬春季耕翻土地,将卵深埋于10厘米以下的土层,若虫难以孵化出土,可明显降低卵的有效孵化率。中耕除草,可切断成虫的食料,并破坏其栖息场所。定植时在种苗上套1个塑料筒(可用容量在1升以上的废弃饮料瓶,锯去两端,做成10~15厘米的塑料筒)。将塑料筒套在苗上10天左右,苗移栽成活后移去塑料筒,此法可使苗木免受危害,成活率达100%,定植塑料筒后可在作物行间撒些麦麸毒饵诱杀。

(2)诱杀 蟋蟀具有趋光性,利用这一习性,可用黑光灯进行诱杀。

(3)化学防治 蟋蟀活动迁移性强,取食量大,大白菜苗期每平方米虫量达5头时,应立即进行防治。

①毒饵诱杀 用60℃~70℃的水将90%的晶体敌百虫溶解成30倍液,取药液1千克与15~25千克炒香的麦麸或饼粉均匀拌和(拌时要加水,通常为饵料重的1~1.5倍),撒施时用3~5千克/667米^2。

②堆草诱杀 利用蟋蟀若虫和成虫白天有明显的隐蔽性的特点,将草堆于傍晚或黎明按5米为一行、3米为一堆挖浅穴堆放在田间,翌日揭草进行集中捕杀,或者用90%晶体敌百虫40克溶于2.5升水中,泼在15~20千克鲜草上,分匀放入浅穴内,3天防效可达86%。

③喷粉 防治蟋蟀的有利时机为二、三龄若虫期,可在早上8时前、下午5时后,用1.5%乐果粉剂或4%敌·马粉剂喷撒,每平方米分别用药1~1.5和750克,防效可达90%以上。

④喷雾 用20%速灭杀菊酯乳油1500倍液,或50%马拉硫磷乳油800倍液,或21%增效氰·马乳油4000倍液等喷雾。于

闷热的傍晚施用效果最好。在防治时应连片统一行动,喷洒时先从四周开始逐渐向内心进行防治,才能防治彻底。

78. 如何识别蝼蛄?

为害蔬菜的主要蝼蛄种类有 2 种:东方蝼蛄和华北蝼蛄。

(1)东方蝼蛄　雌成虫体长 31～35 毫米;雄成虫体长 30～32 毫米;体淡灰褐色,密生细毛;头圆锥形,暗黑色;前胸背板卵圆形,背面中央有长约 5 毫米的凹陷;前翅黄褐色,伸及腹部长度之半;后翅卷折如尾状,伸出腹端;前足特化为开掘足,后足胫节背侧内缘有棘 3～4 个;腹部纺锤状,背面黑褐色;腹面暗黄色,末端有较长的尾须 1 对。卵椭圆形,初产时长约 2.8 毫米,宽 1.5 毫米,孵化前长约 4 毫米,宽约 2.3 毫米。初产时乳白色,后变黄褐色,孵化前生暗紫色。若虫初孵时乳白色,后渐变为暗褐色,并逐渐加深。若虫共八、九龄。

(2)华北蝼蛄　雌成虫体长 45～50 毫米,雄成虫体长 39～45 毫米。形似非洲蝼蛄,但体黄褐至暗褐色,前胸背板中央有 1 心脏形红色斑点。后足胫节背侧内缘有棘 1 个或消失。腹部近圆筒形,背面黑褐色,腹面黄褐色,尾须长约为体长一半。卵椭圆形。初产时长 1.6～1.8 毫米,宽 1.1～1.3 毫米,孵化前长 2.4～2.8 毫米,宽 1.5～1.7 毫米。初产时黄白色,后变黄褐色,孵化前呈深灰色。若虫形似成虫,体较小,初孵时体乳白色,二龄以后变为黄褐色,五、六龄后基本与成虫同色。

东方蝼蛄发生普遍,以南方发生较重。华北蝼蛄主要分布于华北、西北、东北和华东北部。食性杂,可为害多种蔬菜。成虫、若虫均在土中活动,取食播下的种子、幼芽或将幼苗咬断致死,受害的根部呈乱麻状。由于蝼蛄的活动将表土层窜成许多隆起的隧道,使苗根脱离土壤,致使菜苗因失水而枯死,严重时造成缺苗断垄。在温室、大棚和苗圃,由于气温高,蝼蛄活动早,加之幼苗集中,受害更重。

79. 蝼蛄有哪些主要生活习性？

东方蝼蛄性喜温湿环境,穴土而居,白天潜于地下,夜晚外出活动,有趋光性,趋光性较华北蝼蛄强,行动也较华北蝼蛄灵敏,对香甜物质如半煮熟的谷子、炒香的豆饼、麦麸以及马粪等有机肥都有强烈的趋性,并喜在马粪或有机肥料堆集处群集,有同类相互残杀的特性,11 月入土越冬。

非洲蝼蛄在土中的垂直活动,主要受到温度、湿度和食料条件的影响。土壤湿润有利于蝼蛄活动;10～20 厘米深处土壤含水量超过 20％,活动危害最盛,低于 15％时,活动减弱;适量降雨后常加重为害,但雨水过多,土壤水分达饱和时,也影响正常活动。蝼蛄的分布和密度还与土壤类型有关。最适宜蝼蛄生存的是盐碱土,其次壤土,粘土发生较轻。

华北蝼蛄的生活史较长,2～3 年 1 代,以成虫和若虫在土内筑洞越冬,深达 1～16 米。每洞 1 虫,头向下。翌年气温上升即开始活动,该虫在 1 年中的活动规律和东方蝼蛄相似。成虫虽有趋光性,但体形大飞翔力差,灯下诱杀不如东方蝼蛄高。华北蝼蛄在土质疏松的盐碱地、砂壤土地发生较多。

80. 蝼蛄的发生有何规律？

东方蝼蛄在大部分地区 1 年发生 1 代,东北、华北及西北地区 2 年 1 代。以成虫及若虫在土穴中越冬;翌年 4 月份越冬态成虫开始活动危害;越冬代的成虫于 5 月中下旬陆续产卵,产卵前先在腐殖质较多的土层中筑土室,卵产在其中。越冬代若虫,4 月上旬开始活动危害后,于 5 月上中旬羽化为成虫,并交尾产卵,6 月为产卵盛期,卵粒集合成堆。

华北蝼蛄 3 年左右完成 1 代。若虫 13 龄,以成虫和八龄以上

的各龄若虫在 60～150 厘米深的土中越冬。来年 3～4 月份,当
10 厘米深土温达 8℃左右时若虫开始上升为害,地面可见长约 10
厘米的虚土隧道,4、5 月份地面隧道大增即危害盛期,6 月上旬当
隧道上出现虫眼时已经开始出窝迁移和交尾产卵,6 月下旬至 7
月中旬为成虫产卵盛期。秋季土温降至适宜温度时,若虫在地表
活动加强,形成第二次为害高峰。进入 10～11 月份以八至九龄若
虫越冬。翌年越冬若虫于 4 月上中旬活动为害,经 3～4 次蜕皮,
到秋季以大龄若虫越冬,第三年春又开始活动,8 月上中旬若虫老
熟后,最后再蜕 1 次皮羽化为成虫,补充营养后又越冬,直到第四
年;7 月份交配,6～8 月份产卵继续繁殖、为害。每头雌虫产卵
50～500 粒,多为 120～160 粒,卵期 20～50 天。其中若虫 12 龄,
历期 736 天,成虫期 378 天。各龄若虫历期为一、二龄 1～3 天,三
龄 5～10 天,四龄 8～14 天,五、六龄 10～15 天,七龄 15～20 天,
八龄 20～30 天,九龄以后除越冬若虫外每龄约需 20～30 天,羽化
前的最后一龄需 50～70 天。

　　在黄淮海地区,该虫于 3、4 月开始活动,交配后在土中 15～
30 厘米处做土室,雌虫把卵产在土室中,产卵期 1 个月,产 3～9
次,每雌平均卵量 288～368 粒,雌虫守护到若虫三龄后。一年中
从 4～10 月份春、夏、秋播作物均可遭受为害。黄淮流域从谷雨到
夏至、夏播期间是防治蝼蛄最佳时间。此时春、夏播种作物种类
多,播种时间长,防治极易达到理想效果。

81. 如何防治蝼蛄?

　　(1)农业防治　秋后收获末期前后,进行大水灌地,使向土层
下迁的成虫或若虫被迫向上迁移,并适时进行深耕翻地,把害虫翻
上地表冻死。夏收以后进行耕地,可破坏蝼蛄产卵场所。不能施
用未腐熟的有机肥料,在虫体活动期,结合追施一定量的碳酸氢
铵,释放出的氨气可驱使蝼蛄向地表迁动。施入石灰也有类似的

作用。实行合理轮作,改良盐碱地,有条件的地区实行水旱轮作。保持苗圃内的清洁,育苗前做好土壤消毒工作,播种苗栽种时,要先把种子进行消毒,然后播种。

(2)物理防治

①人工诱杀成虫 蝼蛄羽化期间,可用灯光诱杀,晴朗无风闷热天诱集量最多。夏秋之交,黑夜在苗圃中设置灯光诱虫,结合在灯下放置有香甜味的、加农药的水缸或水盆进行诱杀。还可利用潜所诱杀,即利用蝼蛄越冬、越夏和白天隐蔽的习性,人为设置潜所,将其杀死。

②捕杀法 根据害虫的生活习性,凡能以人力或简单工具将害虫杀死的方法,如可以用石块将发现的蝼蛄杀死。

③食物诱杀 利用蝼蛄喜欢的食物,如新鲜的马粪、炒香的谷物等,在食物中加杀虫剂而将其诱杀。

(3)生物防治 绝大多数鸟类是食虫的,保护鸟类、严禁随意捕杀鸟类也是生物防治的重要措施。在苗圃除保护附近原有的鸟类外还可人工悬挂各种鸟箱招引,使其在苗圃周围生活、捕食蝼蛄。还可以利用不育的蝼蛄与天然条件下的蝼蛄交配,使其产生不育群体,减少蝼蛄发生量。

(4)化学防治

①毒土(沙) 每667平方米用2.5%敌百虫粉剂3千克,拌匀30千克细土(沙)制成毒土(沙),也可用50%辛硫磷乳油200克,对水适量制成毒土(沙),顺垅低撒于幼苗根际土表。

②毒谷和毒饵诱杀 将麦麸、豆饼、棉仁饼等5千克炒香,或秕谷5千克煮至三成熟晾至半干,再用90%敌百虫可溶粉剂或50%辛硫磷乳油100克(毫升)兑水5千克拌匀,拌至用手一攥稍出水即成。结合播种每667平方米用1.5~2.5千克撒入苗床,或出苗后将毒饵(谷)撒在蝼蛄活动的隧道处,诱杀成、若虫。

③土壤处理 当蝼蛄发生危害严重时,每667平方米用3%

辛硫磷颗粒剂,或用3%毒死蜱颗粒剂3～5千克,直播菜田播前撒施,然后混土深度10～30厘米;移栽田沟施或穴施,将药剂对30千克细土(沙)拌匀,撒施混土后,移栽、浇水,保持一定的墒情。若苗床受害严重时,用80%敌敌畏乳油30倍液灌洞灭虫。

82. 如何识别蛴螬?

蛴螬种类很多,其幼虫统称蛴螬,俗名地漏子。常见的种类有华北大黑鳃金龟、暗黑鳃金龟、铜绿丽金龟等。这几种金龟甲成虫体长约20毫米,前2种体为暗黑色,铜绿丽金龟甲鞘翅铜绿色。老熟幼虫体长30～50毫米,体肥大,体型弯曲呈"C"型,多为白色,少数为黄白色。头部褐色,上颚显著,腹部肿胀。体壁较柔软多皱,体表疏生细毛。头大而圆,多为黄褐色,生有左右对称的刚毛,刚毛数量的多少常为分种的特征。如华北大黑鳃金龟的幼虫为3对,丽金龟幼虫为5对。蛴螬具胸足3对,一般后足较长。腹部10节,第十节称为臀节,臀节上生有刺毛,其数目的多少和排列方式也是分种的重要特征。

蛴螬在北方发生较普遍,为害蔬菜、粮食作物及果树等。该虫始终在地下为害,啃食萌发的种子,咬断幼苗根茎,致使全株死亡,造成缺苗断垄,还可蛀食块根、块茎等,降低蔬菜的产量和质量。

83. 蛴螬有哪些主要生活习性?

成虫即金龟子,白天藏在土中,晚上8～9时进行取食等活动。蛴螬有假死和负趋光性,并对未腐熟的粪肥有趋性。幼虫蛴螬始终在地下活动,与土壤温湿度关系密切。当10厘米土温达5℃时开始上升土表,13℃～18℃时活动最盛,23℃以上则往深土中移动,至秋季土温下降到其活动适宜范围时,再移向土壤上层。因此蛴螬对果园苗圃、幼苗及其他作物的为害主要是春秋两季最重。土壤潮湿活动加强,尤其是连续阴雨天气,春、秋季在表土层活动,夏季时多在清晨和夜间到表土层。

84. 蛴螬的发生有何规律?

华北大黑鳃金龟多为 2 年 1 代,成虫或幼虫越冬,其他 2 种每年 1 代,幼虫过冬。成虫交配后 10～15 天产卵,产在松软湿润的土壤内,以水浇地最多,每头雌虫可产卵 100 粒左右。蛴螬年生代数因种、因地而异。幼虫主要在春季至 5～6 月份以及秋季为害。幼虫或成虫冬季在 30 厘米左右深处,春暖季节上升到土表层,正是种子萌发、幼苗生长季节为害严重。土壤湿度对蛴螬生长发育关系密切,最适含水量为 20% 左右,蛴螬喜欢生活在中性或微酸性土壤中,因此,生荒地厩肥施用较多,有利于蛴螬的产生。

85. 如何防治蛴螬?

(1)农业防治　精耕细作,深翻细耙,不仅可直接杀死大部分蛴螬,还可阻碍其潜伏越冬,且对天敌活动有利,如果随犁拾虫效果更好。合理调整作物布局,进行轮作,可有效减轻危害。有条件的地方,进行适时灌水,可将幼龄蛴螬直接溺死,成虫被淹后,会浮出水面,便于捕杀。

(2)诱杀　可利用黑光灯、频振式杀虫灯等诱杀成虫,能明显降低田间蛴螬数量。

(3)化学防治

①防治成虫　成虫盛发期对所喜食、数量集中的作物或树上,用 5% 氯氰菊酯乳油 3 000 倍液,或 20% 速灭菊酯乳油 3 000 倍液,或 20% 菊·马乳油 2 500 倍液,或 48% 毒死蜱乳油 800 倍液,或 80% 敌百虫可溶粉剂 1 000 倍液等喷雾。

②土壤处理　在播种或菜苗移栽时进行,一般每 667 平方米用 3% 辛硫磷颗粒剂 4～8 千克,或将 80% 敌百虫可溶粉剂 100～150 克,或 50% 辛硫磷乳油 200 克,对少量水稀释后拌细土 15～

20升,制成毒土,均匀撒在苗床、播种沟(穴)内,覆一层细土后播种。

③药液灌根 在蛴螬发生较重的地块,用48%毒死蜱乳油1000倍液,或50%辛硫磷乳油,或80%敌百虫可湿性粉剂各800倍液灌根,每株灌150~250克,可杀死根际附近的幼虫。

86. 如何识别细胸金针虫?

细胸金针虫,别名细胸叩头甲、土蚰蜒。该虫雄成虫体长约8毫米、宽约2毫米;触角超过前胸背板后缘、略短于后缘角,前胸背板后缘角上的隆起线不明显;翅鞘与前胸背板均为暗褐色。雌成虫略大于雄虫,体长约9毫米,宽约2毫米,触角仅及前胸背板后缘,前胸背板暗褐色,其后缘角有明显隆起线,翅鞘略带黄褐色。卵乳白色,近似椭圆形,长0.5~0.7毫米,产于土中。老龄幼虫体长32毫米,宽约1.5毫米,体细长,圆筒形,淡黄色,有光泽。头部扁平,口器深褐色,第一胸节较第二、第三胸节稍短,1~8腹节略等长。尾节圆锥形,近基部两侧各有1个褐色圆斑和4条褐色纵纹,顶端具1个圆形突起。蛹属裸蛹,细长,体长似成虫,为近似长纺锤形,黄褐色。蛹化于土中。

细胸金针虫主要发生在水浇地、低洼地、黏土地,该虫主要为害作物的幼芽及种子,也可为害出土的幼苗,幼苗长大后便钻到根茎部取食。被它危害后植株地上表现萎蔫、枯心,田间缺苗和死苗。被害部位不完全被咬断、断口不整齐,有时也可钻入大粒种子(如菜豆等)及块根、块茎内取食,从而使病菌入侵而引起腐烂。被害作物逐渐枯黄而死,常造成毁种重种,贻误农时,同时浪费劳力资金,损失很大。

88. 细胸金针虫有哪些主要生活习性?

成虫对稍萎蔫的杂草有极强的趋性,喜欢在草堆下栖息、活动和产卵,白天多潜伏在地表土缝中、土块下或作物根丛中,黄昏后出土在地面上活动。雌虫无飞翔能力,雄虫飞翔力强,有假死性和趋光性。该虫的发育很不整齐,世代重叠现象严重。在生长季节,几乎任何时间均可发现各龄幼虫。

细胸金针虫能在较低温度下生活,越冬土层浅,早春为害早,秋后也较耐低温,入蛰期迟,冬麦和春麦均可受害。幼虫喜欢潮湿及微偏酸性的土壤,适宜生活的土壤含水量为 20%～25%。在深翻土壤、精耕细作的地块一般发生为害较轻;初开垦的农田以及荒地、苜蓿地,由于耕翻机会少,为害重。耕作对细胸金针虫不仅有直接的机械杀伤作用,而且在夏翻或冬翻还可将休眠的虫态翻到土表,提供鸟禽啄食和暴晒死或冻死。

88. 细胸金针虫的发生有何规律?

细胸金针虫是中国北方地区重要的地下害虫之一。该虫长期生活于土壤中,生活史历期长,世代重叠严重。细胸金针虫在北方 2 年完成 1 代,第一年以幼虫越冬,翌年以老熟幼虫、蛹或成虫越冬。有些地方 3 年完成 1 代。成虫活动能力强,有假死性,略具趋光性,对枯枝落叶和萎蔫杂草有较强的趋性。成虫昼伏夜出,白天常群集在烂草堆下、土缝中或作物根茬中,喜取食植物叶片。

成虫产卵于土壤中。幼虫危害期多为 4～5 月份,喜钻蛀和转株危害。幼虫耐低温,春季上升危害早,秋季下降迟,危害盛期的最适地温较沟金针虫低,为 7℃～13℃。当土温升至 17℃以上即逐渐停止危害。细胸金针虫多分布在水地或湿度高的低洼田块。以不同龄期的幼虫在 20～50 厘米土层越冬,卵期 28～35 天,平均幼虫期 556 天,蛹期为 20 天,成虫期 285 天,全生育期为 889～896 天,整个生育期经历 3 个年份,幼虫经历 2 个年份。幼虫在田间有世代重叠现象,以 5 月下旬至 6 月中旬最为明显。

89. 如何防治细胸金针虫？

近年来，随着灌溉面积扩大，细胸金针虫分布不断扩大，危害程度日渐加重。对于该虫的防治目前仍以化学防治为主。

(1)农业防治

①清洁田园 前茬作物收获后，及时清除田间杂草，不得在田间堆放和腐烂，以减少幼虫和蛹的数量；作物出苗前或一至二龄幼虫盛发期，及时铲除田间杂草，并将杂草深埋于 40 厘米以下的土层或运出田外沤肥，减少幼虫早期食源，消除产卵寄主，可达到消灭部分幼虫和卵的目的。

②冬季深翻 封冻前 30 天左右深耕土壤 35 厘米，并随耕随捡虫，通过破坏其生存和越冬环境，可压低虫口密度 15%～30%。

③粪肥处理 农作物不能施用未腐熟的生粪肥，如粪肥中掺入 5%辛硫磷颗粒剂 25～50 千克/米³。则效果更好。

(2)化学防治

①土壤处理 播种前用 10%二嗪农颗粒剂 30～45 千克/公顷，或 5%辛硫磷颗粒剂 15～22.5 千克/公顷加细干土 300～450 千克，混合均匀后撒于土壤中。

②药剂拌种 规模化生产的地区，大白菜播种前用 50%辛硫磷乳油、水、种子按 1：50～100：500～1 000 的比例拌种，将湿拌种子堆闷 2～3 小时，摊开晾干后即可播种，药剂拌种的有效期为 30 天左右。

③毒饵诱杀 用炒成糊香味的麦麸 75 千克/公顷，与 90%敌百虫晶体 1.5 千克/公顷，混拌均匀制成毒饵，于傍晚撒在田间进行诱杀。

④根部灌药 苗期如发现幼虫为害，可选用 90%敌百虫晶体 800 倍液，或 50%二嗪农乳油 500 倍液，或 50%辛硫磷乳油 500 倍液每隔 8～10 天灌根 1 次，连灌 2～3 次。

第四章　大白菜草害及防除

1. 菜田杂草对蔬菜作物有哪些危害?

　　菜田中非人工栽培的野生有害草本植物称为杂草。由于杂草的光合作用效率高,生长发育快、繁殖与再生能力强,传播方式多,杂草种子分批成熟和超强的抵御不良环境条件等生物学特性,成为了蔬菜生产中一类重要的生物灾害。菜田杂草与栽培的蔬菜争夺养料、水分、阳光和生存空间,妨碍田间通风透光,不利于蔬菜生长发育和开花结实。尤其是菜田水肥条件好,杂草滋生、蔓延快,若不及时防除,就会出现不同程度的草荒,使蔬菜作物的产量、商品率降低和品质变劣,严重时甚至毁种。另一方面,田埂、地边、沟渠及荒地(滩)杂草,是大白菜病毒病的主要毒原 TuMV 和 CMV、大白菜黑胫病病原真菌,小菜蛾、菜青虫、黄条跳甲、蚜虫、东方行军蚁、土蝗、蟋蟀等多种病虫的越冬场所或过渡寄主。杂草丛生有利于这些病虫完成生活史,并形成病虫的滋生地,环境条件适宜时向田间传播、扩散和蔓延,加重对蔬菜作物的危害。

2. 怎样简易准确的识别禾本科杂草和阔叶杂草?

　　菜田中的杂草种类较多,外部形态也有很大差异。但经科学的归纳、分析和整理,仍可根据其形态特征,将杂草区分为禾本科杂草和阔叶杂草两类,在田间用肉眼观察即可分清、识别,对于正确的选择和应用除草剂有重要意义。

　　禾本科杂草又称单子叶杂草,因种子只有 1 片子叶而得名。它们的植株叶片性状通常较窄长、无叶柄,具有平行的或弧形的脉序;一般主根不发达,由数量很多的不定根形成须根系。植株开花后可见花的基数通常为3,而且花萼和花冠的形态非常相似。例如,稗草(别名稗草子、稗、野稗草、扁扁草)、狗尾草(谷莠子、野谷苗)、马唐(抓地草、拉秧草)、牛筋草(蟋蟀草、半大墩)、看麦娘(山高粱、道旁谷、牛头猛)、虎尾草(棒槌草、刷子头)、千金子(绣花草)、三楞草(三轮草,见骨草)、画眉草(星星草、绣花草)、野燕麦(铃铛麦)等,属于一年生禾本科杂草。白茅(茅草、茅根)、芦苇(苇子草、芦柴)、狗牙根(爬根草、护堤草)和荻草(荻子、霸王剑)等,属于多年生禾本科杂草。

阔叶杂草又称双子叶杂草,它们的种子有2片子叶。植株的叶片宽、有叶柄,具有网状脉序(叶脉像网一样);一般主根发达,多为直根系。植株开花后可见花的基数通常为5或4,而且花萼和花冠形态也多不相同。例如,野苋菜(包括反枝苋、皱果苋、凹头苋,别名英英菜等)、马齿苋(马齿菜、马铃菜)、藜(灰灰菜)、龙葵(野葡萄、黑粒粒、黑粒粒棵)、苍耳(苍子、野蚕子)、小蓟(刺儿菜、刺刺菜)、铁苋菜(黏胡菜)、苘麻(青麻、野麻子)、毛酸浆(灯笼草、酸粒粒)、荠菜(地菜、花花菜)等,属于一年生阔叶杂草。田旋花(小喇叭花)、地黄(妈妈菜)、车前子(车轮菜)、蒲公英(黄花菜)等属于多年生阔叶杂草。

此外,碎米莎草(别名三方草)、异型莎草(球穗碱草)、牛毛草等,属于莎草科一年生单子叶杂草,香附子等属于莎草科多年生单子叶杂草。鸭跖草(别名竹叶菜、竹节菜、三角草、鸭仔草等),虽为一年生单子叶杂草,人们习惯把它划为阔叶杂草。

3. 菜田除草剂的应用须注意哪些问题?

防除菜田杂草的方法较多,如人工、机械、物理、化学和生态除草等。

化学除草是在菜田环境下,应用除草剂防治混生在蔬菜作物中的有害杂草,保护蔬菜免受杂草危害。化学除草具有高效、及时、省工、经济等特点,适应现代蔬菜生产作业的发展要求。但是,许多重要的杂草和蔬菜作物的亲缘关系接近,在生理生化特性上也非常相似,通常使用除草剂要比杀虫剂和杀菌剂的使用更为复杂。因此,合理使用除草剂有利于提高除草效果,保障对蔬菜作物安全,减少对环境的污染。

(1)选择合适的除草剂 是提高除草剂使用效果的根本保证。正确识别当地的主要杂草类别,通过咨询植保技术部门、登录中国农药信息网和植保技术网站,查阅除草剂专著或资料等方式,选择适用的除草剂种类,真正做到"对草下药"。

(2)掌握不同时期的施药技术 化学除草技术比较复杂,同一类杂草的不同生长阶段,对同一种除草剂的敏感性有很大差异,结合保障蔬菜作物的安全性等综合因素分析,需要掌握时机采取相应的施药方法,通常没有一个固定的模式。本书以大白菜为例,列举了6种不同生产时期的主要杂草种类、生长阶段和发生状况的差异,分别提出了不同时期的防治对象、施药技术措施及其注意事项。

(3)科学定量用药 准确测量施药地块的面积和称取药量,防止随意加大用药剂量,是除草剂应用技术中的重要环节。否则,蔬菜作物一旦产生药害,将很难恢复正常或成片死亡,造成直接的经济损失。

(4)充分认识环境条件的影响 菜田环境的温度、湿度、光照、风雨、土壤质地和土壤有机质含量等,对除草剂的应用技术有很大影响。不是在任何情况下、任意施用除草剂都会收到理想的效果,有时会适得其反。应按照除草剂的应用技术指南和商品标签的规定内容,结合当时的具体条件,确定用药剂量和施用方法。

(5)注意保护环境 施药后各种器具要认真的清洗、晾晒,剩余的药液要妥善处理,不得随意倾倒,避免污染水源、土壤和造成蔬菜作物药害发生。

4. 大白菜播种前怎样进行土壤处理？

氟乐灵是低毒性除草剂，通过杂草种子发芽生长穿出土层的过程中吸收，致杂草死亡。作为大白菜发芽前应用的除草剂，可防除一年生禾本科杂草和阔叶杂草，如马唐、牛筋草、狗尾草、稗草、蟋蟀草、画眉草、雀麦草、看麦娘、野苋菜、马齿苋、猪毛菜、婆婆纳、藜和蓼等。对鸭跖草、半夏、艾蒿、繁缕、雀舌草、打碗花和车前等防效差。对多年生杂草如三棱草、狗牙根、苘麻、茅草、田旋花和蒲公英等基本无效。

在大白菜地块整平整细后，每667平方米面积用48%氟乐灵乳油80～120毫升，对水30～50升喷雾或拌匀15～20千克细土均匀撒施土表，施药后随即掺入表土3～5厘米，施药5～7天后播种较安全。其中，菜地土壤有机质在2%以下或砂质土壤，每667平方米面积用制剂80～100毫升，有机质含量在2%以上或黏性土壤用制剂100～120毫升。

注意事项：①氟乐灵应在杂草出土前使用，由于该药易挥发和见光分解，宜在晴天傍晚无风时施药，然后及时混土3～5厘米。不宜过深以免降低药效或增加药剂对幼苗的危害。②应根据土壤质地和有机质含量确定施药量，大白菜田667平方米面积最高推荐用量120毫升，已在抑制种苗生长的边缘，切勿超量应用。③在黄瓜、番茄、甜（辣）椒、茄子、小葱、洋葱、菠菜、韭菜、甜菜、小麦、玉米和高粱等直接播种或播种育苗时，不能使用本剂。④在粮菜混栽区，使用氟乐灵的地块，下茬不能种植高粱、谷子等作物，避免发生药害。

5. 大白菜播种后出苗前如何进行土壤处理？

（1）丁草胺 为低毒性除草剂，主要通过杂草幼芽和幼小的次生根吸收，对发芽期和2叶前的杂草有较好的防治效果。作为大白菜播后芽前的除草剂,可防除一年生禾本科杂草和一些莎草科杂草,如稗草、马唐、牛筋草、狗尾草、蟋蟀草、看麦娘、千金子、节节草、碎米莎草和异形莎草等;对某些阔叶杂草如鸭跖草、反枝苋、野苋菜、马齿苋、陌上菜和菟丝子等,也有一定的防治效果。具体用法如下:在大白菜播后,每667平方米面积用60％丁草胺乳油100毫升,随即对水喷雾或拌成毒土均匀施于土壤表面,按播种后管理技术要求及时浇水。

本品比其他除草剂的安全性好,但对阔叶草的防除效果仅70％左右,不够理想;若用药量提高到120毫升/667米2,对阔叶杂草的防效可提高到90％,却对白菜已表现出抑制作用,要慎重使用。由于大白菜出苗快,所以要求随播种随施药,若延迟到第二天用药就会加重药害(下同)。施药后7～10天,宜保持地表湿润以提高药效。

(2)胺草磷　是低毒性除草剂,用于防治发芽期的一年生杂草。每667平方米面积用25％胺草磷乳油200毫升,在播种覆土后作定向喷雾或配成药土处理土表。在大白菜田施药后,保持一定的土壤湿度,有利于提高灭草效果。

(3)萘丙酰草胺(草萘胺、大惠利)　是低毒性除草剂,用于防治发芽期的一年生杂草。每667平方米面积用25％大惠利可湿性粉100～120克,在土壤潮湿条件下播种覆土后作定向喷雾,或与潮湿细土混匀配成药土处理土表。在春、夏季长日照时,该药光解作用强,宜用高剂量。本品对芹菜、茴香等有药害,使用时注意邻作,防止药液飘移造成危害。

(4)异丙草甲胺(都尔)　属低毒性除草剂,用于防治发芽期的一年生禾本科杂草效果好,如稗草、马唐、牛筋草、狗尾草、野黍、画眉草和千金子等。对荠菜、马齿苋、反枝苋、野苋菜、蓼、藜等阔叶杂草,也有一定的防效。每667平方米面积用70％都尔乳油80～100毫升,在播种覆土后作定向喷雾或配成药土处理土表,对杂草的防效与丁草胺相似，但安全性较差。

6. 大白菜播种后出苗前已经长出了杂草怎么办？

（1）草甘膦（农达、镇草宁）　为低毒、内吸传导型、广谱灭生性除草剂，每667平方米面积用10％草甘膦水剂300～400毫升，加水30～50升稀释后，对杂草茎叶作喷雾处理，可防治各种一年生和多年生杂草。若在药液中加入0.2％的中性洗衣粉（洗衣粉/药液＝重量/体积），可提高药液在杂草上展着，利于吸收提高药效。应注意的是本品须严格掌握用药时机，并提倡喷雾器上加防护罩或定向喷雾，防止药液雾滴飘移造成其他绿色作物药害。

（2）百草枯（克无踪、对草快）　是中等毒性的灭生性除草剂，苗床或耕地在播种前先整好畦面或播后苗前，对已出土的一、二年生杂草，每667平方米面积用20％百草枯水剂100～200毫升，对水30～50升喷雾作茎叶喷雾处理。杂草叶片着药后2～3小时就开始变色发黄，3～4天全株干枯死亡。

应注意事项：①本品对杂草和作物都能杀死，须严格掌握用药时机，并提倡喷雾器上加防护罩或定向喷雾，防止药液雾滴飘移造成其他绿色作物药害。②土壤砂性、肥力少的地块也不宜使用，避免土壤和有机物质对百草枯吸附量过少，灌水时药剂重新溶解在水中，危害大白菜萌发的种子。③由于百草枯内吸向下传导性弱，不能杀灭多年生杂草地下根茎，无法根除，在高温、多雨时，施药后3周可能长出再生杂草，应根据田间草情配合其他防除措施。

7. 大白菜移栽前如何进行土壤处理？

大白菜移栽前每667平方米面积，用48％氟乐灵乳油120～150毫升，或33％二甲戊乐灵（除草通、施田补）乳油150毫升，对水30～50升喷雾作土壤处理。施药后浅混土2～3厘米后即可移栽，除草通也可以不混土，防治一年生禾本科杂草和阔叶杂草。

使用注意事项：①这2种药剂都对大白菜根系有明显的抑制作用，在菜苗移栽时尽可能不让药土落入根部。②在使用二甲戊乐灵时，为增加土壤的吸附和安全性，提倡先浇水后施药。③菜地用药后若下茬种植禾本科作物，除草通需4个月、氟乐灵需5个月的安全间隔期，或按照药剂标签的使用说明进行作业。

8. 大白菜移栽后怎样进行土壤处理？

大白菜移栽缓苗后或生长期间，在一年生禾本科杂草和阔叶杂草1叶期前，每667平方米面积可用33％二甲戊乐灵（除草通）乳油150毫升，或25％萘丙酰草胺（大惠利）可湿性粉剂100～150克，或70％异丙草甲胺（都尔）乳油80～100毫升，或25％除草醚可湿性500克，对水适量稀释后，在行间作定向喷雾处理。喷雾时应尽量压低喷头，避免药液落到菜苗上，除草通对幼芽有较强的抑制作用，在使用时需倍加小心。

9. 大白菜生长期间如何进行杂草茎叶处理？

在大白菜生长期间当禾本科杂草3～5叶期，每667平方米面积可用50克/升精喹禾灵乳油40～50毫升，或20％稀禾定（拿捕净）乳油60～140毫升，或15％精吡氟禾草灵（精稳杀得）乳油50～80毫升，或12.5％吡氟氯禾灵（盖草能）乳油30～60毫升，或10％喹禾灵（禾草克）乳油50～60毫升，对水30～50升均匀喷雾作茎叶处理，可防除稗草、野燕麦、马唐、牛筋草、看麦娘、狗尾草、千金子、棒头草和早熟禾等一年生禾本科杂草。

应注意事项：①药液中加入0.2％中性洗衣粉有利于提高灭草效果。②温度或空气湿度大时药剂易发挥作用，适宜选用低剂量，在空气干燥和杂草密度较高时，应选择高剂量。③这类药剂易被杂草吸收，但最好保持施药后24小时内无雨。④在粮、菜混栽区，要避免药液飘移到小麦、玉米、水稻等禾本科作物上。

附录1　大白菜病害防治常用农药的种类

1. 生物源杀菌剂

(1)武夷菌素：可防治白粉病等。

(2)多抗霉素：可防治黑斑病、白粉病、立枯病、叶腐病等。

(3)抗霉菌素120：可防治白斑病、白粉病等。

(4)木霉菌：可防治霜霉病等。

(5)井冈霉素：可防治猝倒病、立枯病、叶腐病，细菌性软腐病等。

(6)中生菌素：可防治细菌性软腐病、细菌性角斑病、细菌性黑腐病等。

(7)多氧清：可防治黑斑病。

(8)硫酸链霉素（农用链霉素）：可防治细菌性软腐病、细菌性黑腐病、细菌性角斑病、细菌性褐斑病、细菌性叶斑病，黑胫病等。

(9)新植霉素：可防治细菌性黑腐病、细菌性角斑病、细菌性褐斑病，黑胫病等。

2. 铜、硫类杀菌剂

(1)丁戊己二元酸铜：可防治细菌性角斑病、黑胫病、假黑斑病、软腐病等。

(2)氢氧化铜：可防治细菌性角斑病、细菌性褐斑病、细菌性黑腐病、细菌性叶斑病等。

(3)碱式硫酸铜：可防治细菌性软腐病、细菌性褐斑病等。

(4)络氨铜：可防治细菌性软腐病、细菌性角斑病、细菌性黑腐病、细菌性叶斑病、褐腐病、叶腐病等。

(5)代森锰锌：可防治黑斑病、白斑病、猝倒病、假黑斑病、细菌性角斑病、细菌性叶斑病等。

（6）代森铵：可防治细菌性黑腐病、细菌性角斑病。

（7）福美双：可防治霜霉病、黑斑病、炭疽病、白斑病、白锈病、立枯病、黑胫病、假黑斑病等。

3. 取代苯类杀菌剂

（1）百菌清：可防治霜霉病、炭疽病、白斑病、环斑病、白锈病、猝倒病、萎蔫病、黑胫病、假黑斑病等。

（2）甲基硫菌灵：可防治炭疽病、白斑病、环斑病、猝倒病、萎蔫病、黑胫病、褐腐病、褐斑病、灰霉病、菌核病、黄叶病等。

（3）甲霜灵：可防治霜霉病、黑斑病、白锈病、猝倒病、细菌性叶斑病等。

（4）五氯硝基苯：可防治根肿病、猝倒病、菌核病等。

（5）敌磺钠：可防治黑胫病、立枯病、细菌性黑腐病、细菌性叶斑病等。

4. 杂环类杀菌剂

（1）多菌灵：可防治炭疽病、白斑病、立枯病、猝倒病、黑胫病、灰霉病、菌核病等。

（2）敌菌灵：可防治根肿病等。

（3）恶霉灵：可防治立枯病、猝倒病、褐腐病等。

（4）腐霉利：可防治黑斑病、白斑病、黑胫病、灰霉病、菌核病等。

（5）三唑酮：可防治白粉病、褐斑病等。

（6）异菌脲：可防治黑斑病、白斑病、立枯病、褐腐病、灰霉病、菌核病、假黑斑病、细菌性叶斑病等。

（7）乙烯菌核利：可防治白斑病、灰霉病、菌核病等。

（8）双胍三辛烷基苯磺酸盐：可防治白粉病等。

（9）氟硅唑：可防治白粉病等。

5. 其他类型杀菌剂

(1)甲醛(福尔马林):可防治根肿病、根结线虫病等。

(2)高锰酸钾:可防治褐腐病、细菌性黑腐病等。

(3)三乙膦酸铝(乙膦铝):可防治霜霉病、白锈病、细菌性叶斑病等。

(4)甲基立枯磷:可防治立枯病、褐腐病、菌核病。

(5)苯醚甲环唑:可防治炭疽病等。

(6)氯溴异氰尿酸:可防治根肿病、细菌性软腐病、细菌性黑腐病。

(7)烯酰吗啉:可防治霜霉病、白锈病、立枯病、疫霉病等。

(8)霜霉威盐酸盐:可防治霜霉病、根肿病、环斑病、白锈病、猝倒病、立枯病、萎蔫病、细菌性叶斑病等。

(9)乙霉威:可防治白斑病、灰霉病等。

(10)醚菌酯:可防治叶腐病、细菌性叶斑病等。

(11)溴菌清:可防治炭疽病等。

(12)咪酰胺:可防治炭疽病等。

(13)咪酰胺锰盐:可防治炭疽病等。

6. 混合杀菌剂

(1)甲霜·锰锌(甲霜灵＋代森锰锌):可防治霜霉病、根肿病、环斑病、白锈病、假黑斑病等。

(2)噁霜·锰锌(恶霜灵＋代森锰锌):可防治霜霉病、黑斑病、白斑病、环斑病、白锈病、立枯病、猝倒病、萎蔫病、假黑斑病、黄叶病、细菌性叶斑病等。

(3)烯酰·锰锌(烯酰吗啉＋代森锰锌):可防治霜霉病、环斑病、猝倒病、萎蔫病、假黑斑病等。

(4)霜脲·锰锌(霜脲氰＋代森锰锌):可防治霜霉病、黑斑病、环斑病、白锈病、假黑斑病等。

(5)乙铝·锰锌(乙膦铝＋代森锰锌):可防治霜霉病、环斑病、假黑斑病等。

(6)波尔·锰锌(波尔多液＋代森锰锌):可防治环斑病等。

(7)异菌·福美双(异菌脲＋福美双):可防治黑斑病、炭疽病、环斑病、褐斑病、灰霉病、菌核病等。

(8)拌种双(拌种灵＋福美双):可防治立枯病、猝倒病、黑胫病、假黑斑病。

(9)络氨铜·锌(硫酸四氨络合铜＋硫酸四氨络合锌):可防治细菌性软腐病等。

(10)霉威·百菌清(乙霉威＋百菌清):可防治灰霉病、菌核病等。

(11)多菌灵·硫磺(多菌灵＋硫磺):可防治炭疽病、白斑病、白粉病、萎蔫病、黑胫病、菌核病等。

(12)多·福(多菌灵＋福美双):可防治白斑病、黑胫病、假黑斑病等。

(13)多·酮(多菌灵＋三唑酮):可防治白粉病等。

(14)乙霉·多菌灵(乙霉威＋多菌灵):可防治白斑病、褐斑病、灰霉病、菌核病等。

(15)甲硫·乙霉威(甲基硫菌灵＋乙霉威):可防治灰霉病、菌核病等。

(16)春雷·王铜(春雷霉素＋王铜):可防治细菌性褐斑病、细菌性黑腐病、细菌性软腐病、黑胫病等。

7. 杀线虫剂

阿维菌素、硫线磷、噻唑膦、溴甲烷、氯唑磷(米乐尔)等。

8. 病毒抑制剂

磷酸三钠、高锰酸钾、宁南霉素、盐酸吗啉胍·铜、混合脂肪酸、香菇多糖、十二烷基硫酸钠·硫酸铜·三十烷醇(植病灵)等。

附录 2 大白菜害虫防治常用农药的种类

1. 生物源、植物源杀虫剂

(1)苏芸金杆菌(Bt)：可防治菜青虫、小菜蛾等。

(2)小菜蛾颗粒体病毒：可防治小菜蛾。

(3)甜菜夜蛾核型多角体病毒：可防治甜菜夜蛾。

(4)斜纹夜蛾核型多角体病毒：可防治斜纹夜蛾。

(5)多杀霉素：可防治小菜蛾、菜青虫、甜菜夜蛾等。

(6)阿维菌素：可防治小菜蛾、菜青虫、甜菜夜蛾、豌豆彩潜蝇等。

(7)甲氨基阿维菌素苯甲酸盐：可防治小菜蛾、菜青虫、甜菜夜蛾、斜纹夜蛾、豌豆彩潜蝇等。

(8)苦参碱：可防治小菜蛾、菜青虫、菜螟、蚜虫、斜纹夜蛾、粉斑夜蛾等。

(9)印楝素：可防治小菜蛾、菜青虫、蚜虫、斜纹夜蛾等。

(10)茴蒿素：可防治菜青虫、蚜虫等。

2. 昆虫生长调节剂类杀虫剂

(1)虫酰肼：可防治菜青虫、甜菜夜蛾、斜纹夜蛾、甘蓝夜蛾、菜螟等。

(2)除虫脲：可防治菜青虫、小菜蛾、甜菜夜蛾、斜纹夜蛾等。

(3)氟苯脲：可防治小菜蛾、甜菜夜蛾、甘蓝夜蛾、斜纹夜蛾等。

(4)氟啶脲：可防治小菜蛾、菜青虫、甜菜夜蛾、斜纹夜蛾、甘蓝夜蛾、菜叶蜂等。

(5)氟铃脲：可防治小菜蛾、菜青虫、甜菜夜蛾等。

(6)甲氧虫酰肼:可防治小菜蛾、甜菜夜蛾、菜螟等。

(7)灭幼脲:可防治小菜蛾、菜青虫、甜菜夜蛾、斜纹夜蛾、菜叶蜂等。

(8)灭蝇胺:可防治豌豆彩潜蝇等。

3. 有机磷类杀虫剂

(1)敌百虫:可防治菜青虫、黄条跳甲、菜螟、菜叶蜂、根蛆、蝼蛄、蛴螬等。

(2)辛硫磷:可防治潜叶蝇、菜青虫、黄条跳甲、蚜虫、菜叶蜂、菜螟、地老虎、蛴螬、根蛆等。

(3)毒死蜱:可防治菜青虫、小菜蛾、黄条跳甲、斜纹夜蛾、根蛆等。

(4)马拉硫磷:可防治菜青虫、黄条跳甲、种蝇、根蛆等。

(5)二嗪磷:可防治菜青虫、细胸金针虫等。

(6)敌敌畏:可防治蚜虫、蝼蛄(灌洞)等。

(7)乐果:可防治蚜虫、潜叶蝇、根蛆、蛴螬、金针虫等。

(8)伏杀硫磷:可防治菜叶蜂、小菜蛾、菜青虫、菜蚜等。

(9)喹硫磷:可防治潜叶蝇、菜青虫、斜纹夜蛾、蚜虫、根蛆等。

(10)亚胺硫磷:可防治菜青虫、菜蚜、潜叶蝇、地老虎等地下害虫。

4. 拟除虫菊酯类杀虫剂

(1)氰戊菊酯:可防治菜青虫、小菜蛾、蚜虫、甘蓝夜蛾、豌豆彩潜蝇等。

(2)溴氰菊酯:可防治菜青虫、小菜蛾、蚜虫、黄条跳甲、斜纹夜蛾、菜螟、菜叶蜂、蚜虫、豌豆彩潜蝇、种蝇、根蛆等。

(3)顺式氰戊菊酯:可防治菜青虫、小菜蛾、甘蓝夜蛾、蚜虫、豌豆彩潜蝇、菜叶蜂等。

(4)氯氟氰菊酯:可防治小菜蛾、菜青虫、甜菜夜蛾、菜螟、蚜虫、菜叶蜂等。

(5)高效氯氟氰菊酯:可防治小菜蛾、菜青虫、斜纹夜蛾、甘蓝夜蛾、菜螟、蚜虫、黄条跳甲、菜叶蜂等。

(6)氯氰菊酯:可防治菜青虫、小菜蛾、斜纹夜蛾、黄条跳甲、蚜虫、菜螟、菜叶蜂等。

(7)高效氯氰菊酯:可防治菜青虫、蚜虫、小菜蛾、斜纹夜蛾、甘蓝夜蛾、黄条跳甲、菜螟、蚜虫、豌豆彩潜蝇等。

(8)氟氯氰菊酯:可防治斜纹夜蛾、小菜蛾、甜菜夜蛾、菜螟、菜青虫、蚜虫等。

(9)氯菊酯:可防治蚜虫、小菜蛾、菜青虫、菜螟等。

(10)醚菊酯:可防治菜青虫、小菜蛾、蚜虫、菜螟等。

(11)戊菊酯:可防治地老虎、菜青虫、小菜蛾、蚜虫、菜螟等。

(12)氟胺氰菊酯:可防治菜青虫、小菜蛾、蚜虫、甜菜夜蛾、蚜虫等。

(13)甲氰菊酯:可防治菜青虫、小菜蛾、甘蓝夜蛾、蚜虫等。

(14)联苯菊酯:可防治蚜虫、棉铃虫、甘蓝夜蛾、斜纹夜蛾、菜螟、菜青虫等。

(15)顺式氯氰菊酯:可防治菜蚜、菜青虫、小菜蛾、黄条跳甲、菜螟等。

5. 其他类型杀虫剂

(1)辟蚜雾(抗蚜威):可防治蚜虫(对瓜蚜无效)等。

(2)吡虫啉:可防治蚜虫小等。

(3)噻虫嗪:可防治蚜虫、黄条跳甲等。

(4)啶虫脒:可防治蚜虫等。

(5)溴虫腈(虫螨腈):可防治小菜蛾、菜青虫、甜菜夜蛾、斜纹夜蛾、甘蓝夜蛾、豌豆彩潜蝇等。

(6)杀虫双：可防治菜青虫、菜螟、豌豆潜叶蝇、小菜蛾等。

(7)杀螟丹：可防治小菜蛾、菜青虫、黄条跳甲等。

(8)氯虫苯甲酰胺、氟虫双酰胺：可防治小菜蛾、菜青虫、甜菜夜蛾、斜纹夜蛾、甘蓝夜蛾等。

(9)茚虫威：可防治小菜蛾、菜青虫、甜菜夜蛾、甘蓝夜蛾、蚜虫等。

6. 混合杀虫剂

(1)菊·马(氰戊菊酯＋马拉硫磷)：可防治菜青虫、小菜蛾、甘蓝夜蛾、甜菜夜蛾、蚜虫、潜叶蝇、地蛆等。

(2)氯氰·毒(氯氰菊酯＋毒死蜱)：可防治菜青虫、甘蓝夜蛾、甜菜夜蛾、斜纹夜蛾、黄条跳甲、豌豆潜叶蝇等。

(3)增效氰·马(马拉硫磷＋氰戊菊酯＋增效磷)：可防治菜青虫、小菜蛾、黄条跳甲、蚜虫、种蝇、豌豆潜叶蝇等。

(4)菊·杀(氰戊菊酯＋杀螟硫磷)：可防治菜青虫、菜螟、甜菜夜蛾、蚜虫等。

(5)氯氰·辛硫磷(氯氰菊酯＋辛硫磷)：可防治小菜蛾、蚜虫、菜青虫、甜菜夜蛾等。

(6)阿维·高氯(阿维菌素＋高效氯氰菊酯)：可防治小菜蛾、菜青虫、甜菜夜蛾、斜纹夜蛾、豌豆潜叶蝇等。

(7)阿维·杀单(阿维菌素＋杀虫单)：可防治豌豆潜叶蝇等。

(8)氯虫·噻虫嗪(氯虫苯甲酰胺＋噻虫嗪)：可防治小菜蛾、黄条跳甲等。

(9)高氯·啶虫脒(啶虫咪＋高效氯氰菊酯)：可防治蚜虫、菜青虫、黄条跳甲等。

7. 杀软体动物剂

四聚乙醛、聚醛·甲萘威：可防治蜗牛、蛞蝓等。

附录3　大白菜草害防除常用农药的种类

(1)氟乐灵、二甲戊乐灵(除草通、施田补)、萘丙酰草胺(草萘胺、大惠利)、异丙草甲胺(都尔):防除一年生禾本科杂草和阔叶杂草

(2)丁草胺:防除一年生禾本科杂草、一些莎草科杂草,某些阔叶杂草

(3)胺草磷:防除一年生杂草

(4)草甘膦(农达、镇草宁):防除各种一年生和多年生杂草

(5)百草枯(克无踪、对草快):防除一、二生杂草

(6)精喹禾灵、稀禾定(拿捕净)、精吡氟禾草灵(精稳杀得)、吡氟氯禾灵(盖草能)、喹禾灵(禾草克):防除禾本科杂草

参 考 文 献

[1] 张宝棣．蔬菜病虫害原色图谱:十字花科绿叶类蔬菜[M]．广州:广东科学技术出版社,2002.

[2] 郑建秋．现代蔬菜病虫鉴别与防治手册[M]．北京:中国农业出版社,2004.

[3] 陈桂华,蒋学辉,郑永利．十字花科蔬菜病虫原色图谱[M]．杭州:浙江科学技术出版社,2005.

[4] 李明远,赵廷昌,王音．叶用蔬菜病虫害早防快治．北京:中国农业科学技术出版社,2006.

[5] 朱国仁,吴青君,王少丽,等．塑料棚温室病虫害防治(第 3 版)[M]．北京:金盾出版社．2009.

[6] 中国农业科学院蔬菜花卉研究所．中国蔬菜栽培学(第 2 版)[M]．北京:中国农业出版社,2010.

[7] 柯桂兰．中国大白菜育种学[M]．北京:中国农业出版社,2010.

[8] 中国学术期刊(光盘版)电子杂志社．CNKI 中国期刊全文数据库(有关十字花科蔬菜病虫).2005—2010 年.

[9] 农业部农药检定所．农药电子手册.2010 年电子版.

治	10.00	技术	15.00
玉米抗逆减灾栽培	39.00	甘薯产业化经营	22.00
玉米科学施肥技术	8.00	花生标准化生产技术	10.00
玉米高粱谷子病虫害诊断与防治原色图谱	21.00	花生高产种植新技术（第3版）	15.00
甜糯玉米栽培与加工	11.00	花生高产栽培技术	5.00
小杂粮良种引种指导	10.00	彩色花生优质高产栽培技术	10.00
谷子优质高产新技术	6.00	花生大豆油菜芝麻施肥技术	8.00
大豆标准化生产技术	6.00	花生病虫草鼠害综合防治新技术	14.00
大豆栽培与病虫草害防治（修订版）	10.00	花生地膜覆盖高产栽培致富·吉林省白城市林海镇	8.00
大豆除草剂使用技术	15.00	黑芝麻种植与加工利用	11.00
大豆病虫害及防治原色图册	13.00	油茶栽培及茶籽油制取	18.50
大豆病虫草害防治技术	7.00	油菜芝麻良种引种指导	5.00
大豆病虫害诊断与防治原色图谱	12.50	双低油菜新品种与栽培技术	13.00
怎样提高大豆种植效益	10.00	蓖麻向日葵胡麻施肥技术	5.00
大豆胞囊线虫病及其防治	4.50	棉花高产优质栽培技术（第二次修订版）	10.00
油菜科学施肥技术	10.00	棉花节本增效栽培技术	11.00
豌豆优良品种与栽培技术	6.50	棉花良种引种指导（修订版）	15.00
甘薯栽培技术（修订版）	6.50	特色棉高产优质栽培技术	11.00
甘薯综合加工新技术	5.50		
甘薯生产关键技术100题	6.00		
图说甘薯高效栽培关键			